教育部第四批“1+X”

皮肤护理职业技能等级证书配套教材

皮肤护理

中级

哈尔滨华辰生物科技有限公司　组织编写

高文红　主编　　申芳芳　杨寅　副主编

化学工业出版社

·北京·

内容简介

本书是1+X皮肤护理职业技能等级证书配套教材，依据《皮肤护理职业技能等级标准》，通过岗位实践经验总结、技术技能的迭代升级，构建了皮肤管理师职业必备的理论知识体系和规范的职业操作技能。

本教材分为知识模块和实践模块两大部分，根据职业院校教学模式和特点，以管用、够用、能用、适用为原则编写。知识模块包括皮肤表面脂质、皮肤的颜色和色素、基础化妆品核心成分及配方解读，全面体现了皮肤管理师应具备的素养和知识。实践模块包括美容常见问题性皮肤——痤疮皮肤、色斑皮肤、敏感皮肤、老化皮肤的居家管理和院护管理等内容，旨在帮助学生掌握美容常见问题性皮肤管理的基本技能，为以后从事皮肤管理工作奠定基础。

本教材各章节设置有知识目标、技能目标、思政目标和思维导图，并配套了含有重点知识点和技能点的典型性、实用性优质课程资源包，通过扫描二维码可以随时观看。另外，本教材还整合了对学生就业大有裨益的专业相关知识，作为课外扩展阅读内容。

本教材可作为职业院校相关专业配套教材，也可供美容领域相关社会团体开展皮肤护理职业技能等级证书培训使用，还可作为皮肤管理师与美容爱好者的自学用书。

图书在版编目（CIP）数据

皮肤护理：中级/高文红主编；申芳芳，杨寅副主编；哈尔滨华辰生物科技有限公司组织编写. —北京：化学工业出版社，2023.5（2024.6重印）

ISBN 978-7-122-43116-5

Ⅰ.①皮… Ⅱ.①高…②申…③杨…④哈… Ⅲ.①皮肤-护理-职业技能-鉴定-教材 Ⅳ.①TS974.1

中国国家版本馆CIP数据核字（2023）第045450号

责任编辑：李彦玲　　文字编辑：张熙然　刘洋洋
责任校对：李　爽　　美术编辑：王晓宇

出版发行：化学工业出版社（北京市东城区青年湖南街13号　邮政编码100011）
印　　装：天津市银博印刷集团有限公司
787mm×1092mm　1/16　印张11　字数169千字　2024年6月北京第1版第3次印刷

购书咨询：010-64518888　　售后服务：010-64518899
网　　址：http://www.cip.com.cn
凡购买本书，如有缺损质量问题，本社销售中心负责调换。

定　　价：69.80元

“皮肤护理职业技能”系列教材编写委员会

（排名不分先后）

“皮肤护理职业技能”系列教材审定委员会

（排名不分先后）

前言

培养什么人，是教育的首要问题。党的十八大以来，以习近平同志为核心的党中央高度重视教育工作，围绕培养什么人、怎样培养人、为谁培养人这一根本问题提出了一系列富有创见的新理念、新思想、新观点。习近平总书记还多次对职业教育作出重要指示，他强调在全面建设社会主义现代化国家新征程中，职业教育前途广阔、大有可为。

职业教育由此迎来了黄金时代。从2019年开始，国家在职业院校、应用型本科高校正式启动1+X证书制度试点工作，这是党中央、国务院对职业教育改革做出的重要部署，是落实立德树人根本任务，完善职业教育和培训体系的一项重要的制度设计创新。哈尔滨华辰生物科技有限公司（润芳可REVACL）依托三十余年深耕职业教育的积微成著，顺利入选为第四批职业教育培训评价组织。

随着经济社会的发展和消费市场需求的变化，传统的美容护肤教学已经不能良好满足复合型、创新型人才的培养。皮肤管理是基于严谨的医学理论，从丰富的美容实践案例中凝练出来的方法论。它不是手法、不是模式，而是对科学美容观的实践。如何使教材紧密对接产业人才需求，有机融入职业元素，凸显皮肤管理对科学美容观的实践内涵？由皮肤科专家、化妆品领域学者、企业导师和院校教师四方组成的编写团队深谙“唯有自尊可乐业，唯有自律可精业，唯有自强可兴业”的根本原则，将培训评价组织三十余年凝练的30000余个皮肤管理实战案例转化为覆盖素养、知识和技能的培训课程体系，并将三者有机融合，以提升教材的应用性和适用性。

本书除了编写开发团队呈现多元特征以外，还呈现出若干特点。一是思政导向更加鲜明，每个章节都有明确的思政目标，体现了人才培养的精神和素养要求；二是配套数字资源更加丰富，二维码技术的应用将视频内容更加直观地呈现给学习者，在一定程度上缓解了传统教材配套资源更新慢与产业发展变化快之间的矛盾；三是教材的类型特征更加凸显，章节内容紧密对接行业企业真实工作岗位，突出了过程导向特点；四是教材主动对接行业标准、职业标准和职业院校教学标准，注重根据工作实际编排满足教学需要的项目和案例，体现了课证融通、书证融通的设计思路。

编者团队希望利用上述特点，将教材打造成学生可随身携带的工作手册和职业指南，而非单纯的考证复习用书，并通过推动1+X证书培训内容与社会需求以及企业服务实际相适应，实现美容业人才培养与社会需求紧密衔接，更重要的是能帮助考生获得专业自信和职业幸福感，让他们乐业、精业、兴业的职业理想在本书中可见、可感、可及。编者们还希望能依托皮肤管理技术技能的普及进一步优化美容业的价值体系、供需关系和商业模式，实现对社会美誉度和经济效益提升以及人才结构优化的价值预期。

本系列教材由哈尔滨华辰生物科技有限公司组织编写，并得到了清华大学第一附属医院、北京工商大学和多所职业院校的大力支持。教材内容历经数轮修改，充分吸收了各领域专家的意见，在此一并表示感谢。同时也要向关心和支持美容美体艺术专业发展建设的教育部职业教育与成人教育司、教育部职业教育发展中心等有关部门领导表达最诚挚的谢意。此外还要向报名参与皮肤护理1+X证书试点工作的院校师生们表示敬意，选择美的事业，将是你们人生中最美的选择。

本系列教材编写过程中借鉴了学术界的研究成果，参考了有关资料，但难免有疏漏之处。为进一步提升本书质量，诚望广大使用者和专家提供宝贵的意见和建议，反馈意见请发邮件至education@revacl.com，以便及时修订完善，不胜感激。

“皮肤护理职业技能”系列教材编写委员会

2022年11月

目 录

知识模块

实践模块

知识模块 1

- 第一章　皮肤表面脂质
- 第二章　皮肤的颜色和色素
- 第三章　基础化妆品核心成分及配方解读

第一章
皮肤表面脂质

【知识目标】

1. 了解皮肤表面脂质与痤疮、特应性皮炎的关系。
2. 熟悉皮肤表面脂质的成分。
3. 掌握影响皮肤表面脂质的因素。
4. 掌握皮肤表面脂质的作用。

【技能目标】

具备分析皮肤表面脂质与皮肤问题之间关系的能力。

【思政目标】

1. 培养探索未知、追求真理的责任感和使命感。
2. 培养敬业、精益、专注、创新的工匠精神。

【思维导图】

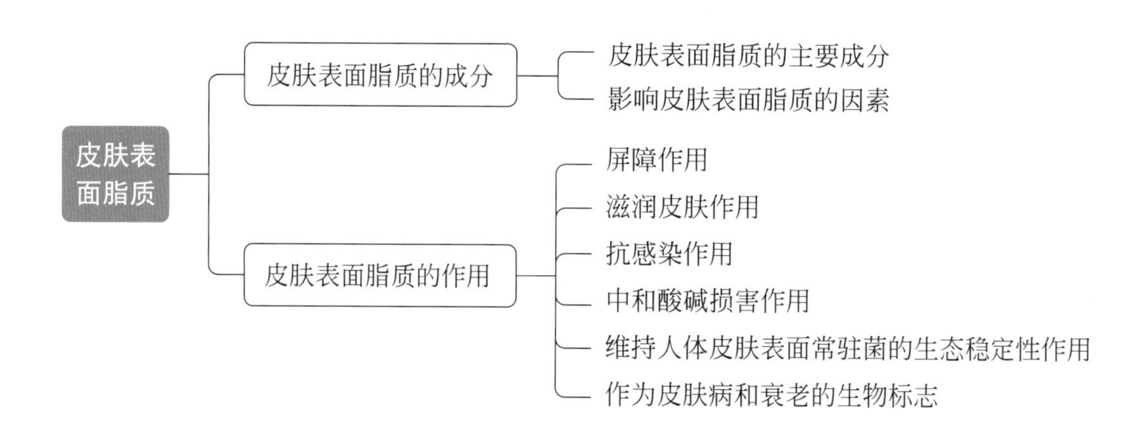

皮肤表面脂质与皮肤健康状态密切相关，研究表明，75% ～ 90% 的皮肤表面脂质来源于皮脂腺分泌，由皮脂腺直接分泌至皮肤表面。其余仅 10% ～ 25% 皮肤表面脂质来源于细胞间脂质，随着角质层细胞的分解，分散至皮肤表面。

皮肤表面脂质对形成皮脂膜非常重要。皮脂膜是由皮脂腺里分泌出来的油脂、角质细胞产生的脂质、汗腺里分泌出来的汗液和脱落的角质细胞经过低温乳化，在皮肤表面形成的一层保护膜，除了润泽皮肤外，它可以减少皮肤表面水分蒸发，阻隔外界粉尘污垢、刺激物等侵入皮肤，为皮肤提供天然的屏障保护，是维持皮肤健康的重要结构。皮肤表面脂质还与多种皮肤问题有直接或间接的关系，例如皮肤干燥、痤疮、特应性皮炎等。本章主要介绍皮肤表面脂质的成分及其作用。

第一节　皮肤表面脂质的成分

皮肤表面脂质也称为皮表脂质，主要成分包括甘油三酯、蜡酯、角鲨烯、游离脂肪酸、胆固醇和胆固醇酯等，其主要来源于皮脂腺分泌，各种成分相对含量见表 1-1。游离脂肪酸由毛囊内寄生的微生物水解甘油三酯产生，能够抑制部分细菌和真菌，但皮脂腺刚分泌的脂质中不含有游离脂肪酸。

表 1-1　皮肤表面脂质成分相对含量

脂质类型	质量范围 /%	平均质量 /%
甘油三酯	20 ～ 60	45
蜡酯	23 ～ 29	25
角鲨烯	10 ～ 14	12
游离脂肪酸	5 ～ 40	10
胆固醇和胆固醇酯	1 ～ 5	4
甘油二酯	1 ～ 2	2

需要关注的是，表皮的细胞间脂质与皮肤表面脂质主要成分有一定差异，细胞间脂质主要成分为神经酰胺、胆固醇、游离脂肪酸等，几乎不含有角鲨烯、蜡酯等成分。

一、皮肤表面脂质的主要成分

皮肤管理师需要充分了解和掌握皮肤表面脂质主要成分（图 1-1）的化学性质及功

效作用，才能更好地针对不同皮肤制定个性化护肤方案。

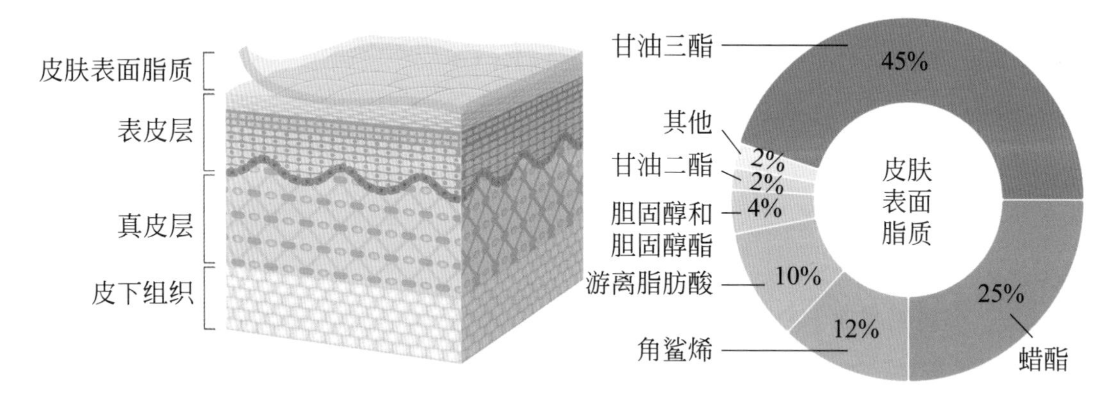

图 1-1　皮肤表面脂质的主要成分

1. 甘油三酯

甘油三酯作为脂质的一类，可被哺乳动物用于能量存储及构成细胞膜，也是化妆品里重要的成分。甘油三酯可以维持皮肤含水量，减缓皮肤水分流失，增强皮肤屏障。

2. 蜡酯

蜡酯是皮肤表面脂质中非常稳定的成分，具有润滑、保护、减缓水分流失等作用。与甘油三酯和磷脂等脂质相比，蜡酯阻热、抗水解和抗氧化能力更强。蜡酯在皮肤表面呈较强疏水性，可封锁皮肤组织内部水分并阻止它们过度水合。蜡酯还可以形成疏水微结构，能抵抗灰尘、花粉、细菌等物理或生物因素入侵皮肤。

3. 角鲨烯

角鲨烯是一种天然抗氧化成分，不会损伤皮肤的结构和功能，还可以保护哺乳动物上皮细胞的DNA不受氧化性损伤。但是，由于角鲨烯具有高不饱和性，环境中的某些因素容易促使其氧化，如紫外线、大气污染物等。氧化后的角鲨烯是皮肤表面脂质过氧化物的主要来源，对皮肤有刺激作用。

在痤疮的发病过程中，角鲨烯的过氧化物可能扮演着主要角色。在动物实验模型中，已经证实角鲨烯单过氧化物可引起粉刺，且在紫外线照射下，角鲨烯过氧化物含量逐渐上升。因此，痤疮患者应注意防晒，防晒剂可以避免紫外线引起的生理浓度下的角鲨烯过氧化。

大气污染也会导致角鲨烯过氧化物的含量上升，与居住在大气污染轻微的地方相比，居住在污染严重地区的人群皮肤表面脂质具有更多的角鲨烯过氧化物。因此，建议处于污染严重地区的人群使用含有抗氧化成分的化妆品，从而避免角鲨烯氧化。

4.游离脂肪酸

游离脂肪酸由毛囊内寄生的微生物水解甘油三酯产生，其含量、种类和不饱和程度都是影响皮肤健康的因素。有研究表明，在缺乏游离脂肪酸的皮肤表面补充外源性游离脂肪酸，可以帮助恢复皮肤屏障功能。

5.胆固醇

胆固醇可以促进角质形成细胞的增殖，减缓经皮水分丢失，可以抑制角质形成细胞释放炎症因子，降低皮肤对致敏物的敏感性。

胆固醇不刺激皮肤，无光敏性，具有柔滑、保湿的效果，还具有表面活性，可以作为表面活性剂。

二、影响皮肤表面脂质的因素

皮肤表面脂质主要来源于皮脂腺分泌和表皮细胞的脂质。皮肤表面脂质过多不但不美观，而且会导致一些皮肤问题，出现这些问题的原因通常有两方面：皮脂腺分泌量持续性地超过了表皮排泄的能力以及毛囊腔和毛囊口角质细胞的过度角化。

皮脂分泌量是影响皮肤表面脂质的重要因素。影响皮脂分泌量的因素有很多，涉及部位、年龄、性别、人种、温度和湿度、饮食、内分泌和药物等几个方面。

1.部位

皮脂腺数量越多的部位（胸背部、脸部、头皮等）分泌皮脂的量就越多。

2.年龄

人的一生中皮脂分泌呈双峰现象，即刚出生时为第一次高峰，此时受母体激素的影响，皮脂腺分泌旺盛，容易发生脂溢性皮炎和新生儿痤疮，随后皮脂腺分泌逐渐减少，至儿童期皮肤干燥，容易患单纯糠疹、特应性皮炎等皮肤病。第二次高峰出现在青春期，从青春期开始，内分泌变化尤其是雄激素的刺激，使皮脂腺的分泌再次达到高峰，以后随着年龄增长，皮脂分泌逐渐下降，年老皮脂腺萎缩，则皮脂分泌更为减少。所以儿童和中老年的皮肤偏干，而青春期皮肤偏油。

3.性别

一般情况下各年龄段男性都比女性皮脂分泌多，尤其是老年组，女性在绝经期后皮脂分泌急剧下降，而男性直至70岁仍有一定的皮脂分泌。

4.人种

该部分资料较少，有研究显示有色人种尤其黑人皮脂分泌比白人略多。

5.温度和湿度

气温高时，皮脂分泌量较多；气温低时，皮脂分泌量减少。所以夏季皮肤多偏油性，冬季时皮肤会变得偏干燥。另外皮肤表面的湿度可影响皮脂的分泌扩散。当皮肤表面湿度高时，皮脂乳化、扩散会变得缓慢。当皮肤长时间处于干燥的环境中，皮脂腺会过度活跃，出现异常出油的现象。

6.饮食

甜食、油腻性食物、辛辣刺激性食物可以使皮脂分泌量增加。所以油性皮肤，尤其是长痤疮的人不宜吃甜食、油腻和刺激性的食物。

7.内分泌

人体内的雄激素和肾上腺皮质激素可使皮脂腺腺体肥大、分泌功能增强，所以一般男性比女性皮脂分泌多，毛孔粗大。皮脂腺功能亢进，主要与性激素分泌平衡失调有关。

8.药物

长期服用糖皮质激素可促进皮脂腺增生，皮脂分泌增加。外源性雄激素可直接刺激皮脂腺增生，皮脂分泌增加，雌激素则有抑制皮脂腺分泌的作用。

9.其他

如日光暴晒以及过度清洗等也会导致脂质丢失，经皮水分丢失增多，皮肤干燥。

【想一想】 皮肤表面脂质成分对于护肤的意义是什么？

【敲重点】

1.皮肤表面脂质的主要成分。

2.影响皮肤表面脂质的因素。

第二节　皮肤表面脂质的作用

皮肤表面脂质主要通过润泽、抗氧化作用和保持皮肤微酸性来维持皮肤健康。皮肤表面脂质是皮脂膜的主要成分，其主要有以下作用。

一、屏障作用

皮脂膜是皮肤锁水保湿功能的重要屏障（图1-2），可减缓经皮水分丢失，阻隔外界水分以及其他物质大量进入皮肤，使皮肤保持正常的含水量。

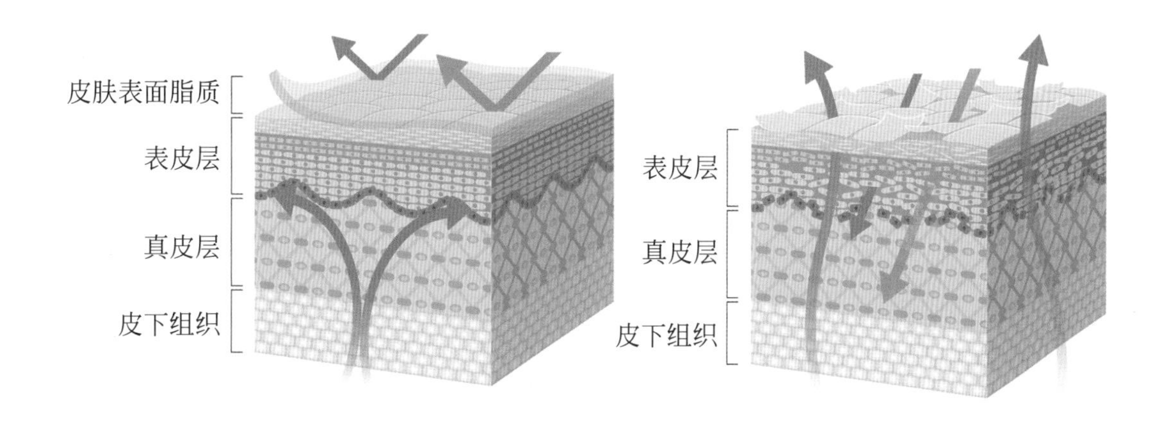

图 1-2　皮肤表面脂质的屏障作用

二、滋润皮肤作用

皮脂膜中含有的脂质成分可以有效滋润皮肤（图1-3），使皮肤柔韧、润滑、富有光泽，含有的水分可保持皮肤湿润，防止干燥、皲裂。

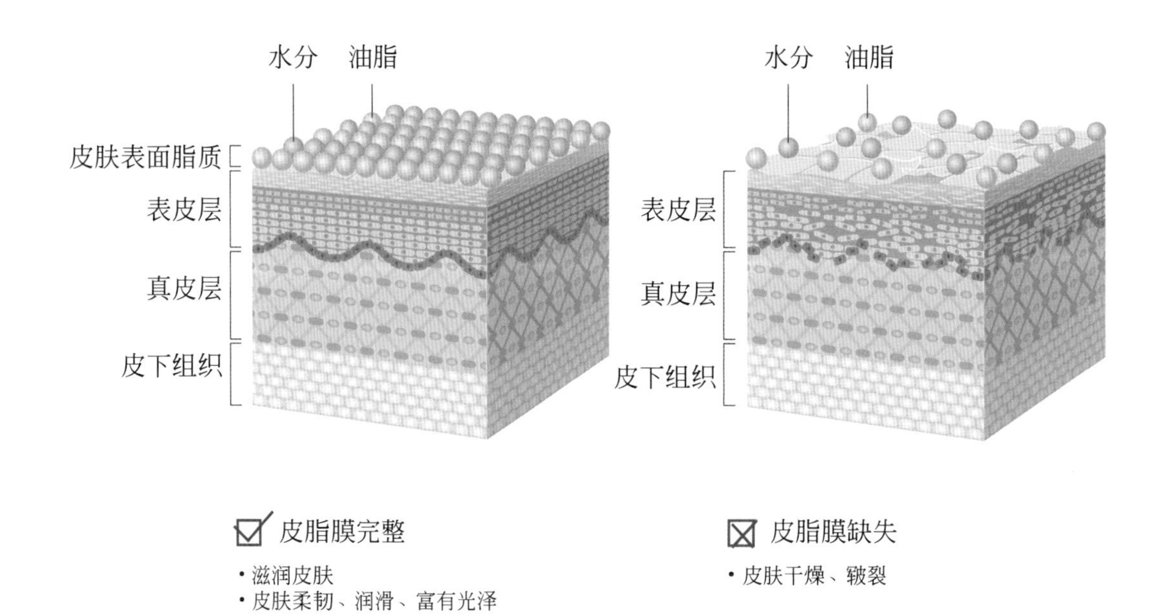

图 1-3　皮肤表面脂质的滋润皮肤作用

三、抗感染作用

皮脂膜是皮肤表面的免疫层，其中包含的一些游离脂肪酸能够抑制某些致病微生物的生长，对皮肤有净化作用（图1-4）。

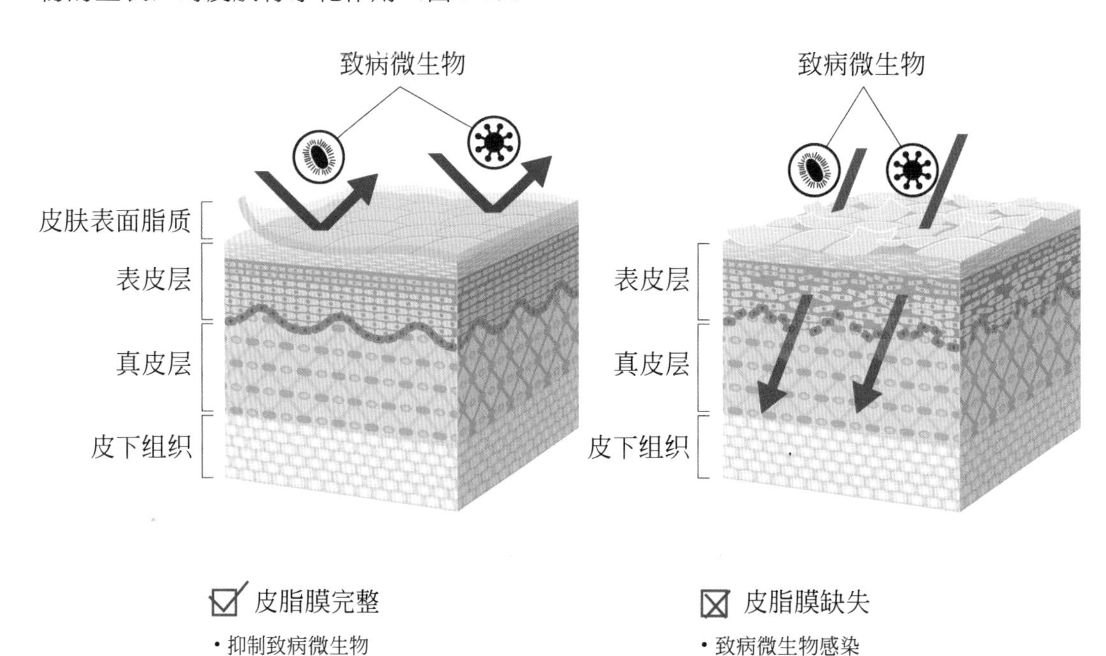

图 1-4　皮肤表面脂质的抗感染作用

四、中和酸碱损害作用

皮脂膜的pH值呈弱酸性，可以略微中和碱性物质，对其侵害有一定的缓冲作用，称为碱中和作用。皮肤接触碱性溶液后，皮脂膜在前5min中和能力最强。皮脂膜也可以在一定程度上中和pH值4.2～6.0的酸性物质，对其侵害有一定的缓冲作用，称为酸中和作用。

五、维持人体皮肤表面常驻菌的生态稳定性作用

人体皮肤表面分布着大量的常驻菌群（约1×10^{12}个/m^2），其中葡萄球菌、丙酸杆菌和棒状杆菌是3种条件致病菌，正常环境下维持平衡，不致病，它们食用角质细胞的碎屑或脂质，能够抵抗酸性环境和抑制其他有害细菌的侵袭和生长。过度清洁或清洁不够都会使皮肤菌群失衡，损害皮肤健康。

皮肤表面脂质中的游离脂肪酸，其主要作用之一就是调节宿主与微生物的相互作用。游离脂肪酸中硬脂酸具有最高的抗微生物活性，对金黄色葡萄球菌具有选择性，有研究表明，原因可能是硬脂酸能够破坏金黄色葡萄球菌细胞壁，从而导致其代谢途径的终止。

六、作为皮肤病和衰老的生物标志

皮肤表面脂质会因不同的皮肤病和皮肤衰老状态，在成分上发生变化。

特应性皮炎和脂溢性皮炎患者皮肤表面的脂质总量明显减少。特应性皮炎患者皮肤表面脂质减少的主要原因是角鲨烯和蜡酯等成分减少，胆固醇和胆固醇酯分泌量增加。皮肤表面脂质类似的变化还发生在脂溢性皮炎和HIV阳性患者当中。相较于健康人而言，HIV阳性患者有更大的概率患脂溢性皮炎。这些皮肤病患者的皮肤表面脂质变化，主要表现为脂溶性抗氧化剂的水平降低，解毒酶的活性降低，例如：维生素E、辅酶Q10、红细胞谷胱甘肽过氧化物酶等全身性耗竭。

皮肤表面脂质作为可靠的皮肤病生物标志物，可以通过无创性分析技术进行检测，不伤害皮肤组织采集检测样本。

作为人体直接接触外界环境有害因素的第一道防线，皮肤表面脂质可以成为一个

合适的研究对象，用于研究体外筛选、经皮给药、皮肤接触物，如：珠宝、纺织品、化妆品、药品、工业化学品以及环境颗粒引起的人体皮肤脂质化学变化等方面。

【相关知识——皮肤表面脂质与痤疮、特应性皮炎的关系】

1. 痤疮

痤疮是一种毛囊皮脂腺的慢性皮肤炎症，主要发生在青春期，患病率极高，大约为80% ~ 90%，对青少年的心理健康和人际交往的影响超过了免疫性哮喘和神经性癫痫，且大多持续时间久，直到成年期。痤疮的发病机制复杂，包括激素水平、个人卫生等因素。痤疮患者的皮肤与正常人相比主要有几点不同之处。

（1）皮脂腺功能增强

痤疮患者的皮脂腺功能受多种激素影响，主要有雄激素、促肾上腺皮质激素释放激素、维生素D和胰岛素样生长因子-1（IGF-1）等。螺内酯是一种合成的抗雄激素药物，主要用来治疗与雄激素相关的痤疮。局部外用螺内酯，皮损数量减少，尤其是粉刺减少更明显，但是并不能降低痤疮的严重度。异维甲酸具有减少皮脂分泌的作用，但是临床上用其治疗痤疮会出现唇炎和皮肤干燥等现象。

（2）皮肤表面脂质成分发生变化

皮脂过度分泌是导致痤疮的主要原因之一，也有研究表明皮脂成分改变也是导致痤疮的原因。在痤疮患者面部提取的皮脂样品中发现：亚油酸的含量偏低，而亚油酸可阻止粉刺生成。角鲨烯的含量偏高，氧化的角鲨烯可促进表皮细胞的炎性细胞因子释放，从而加速和加重痤疮的发生。痤疮丙酸杆菌大量繁殖，将皮脂中的甘油三酯代谢为游离脂肪酸，进一步刺激皮脂分泌，痤疮丙酸杆菌的浓度也会随之增高。

（3）皮肤表面脂质导致毛囊皮脂腺导管角化异常

皮脂腺的活动增加导致皮脂分泌过多，是痤疮发生的主要原发性因素，但在痤疮病因学上，皮脂分泌过多不是唯一的因素。除了脂质的分泌量以外，脂质成分的变化也与痤疮炎症和毛囊皮脂腺导管角化异常有关。比如游离脂肪酸是脂质中与痤疮的发生最相关的成分，体外研究表明，其具有诱导痤疮炎症和毛囊皮脂腺导管角化的作用。也有研究表明，游离脂肪酸能够促进人的皮脂腺细胞增殖和分化。此外，其他与痤疮发生有关的脂质成分，还包括亚油酸、棕榈酸甘油酯、角鲨烯、蜡酯等。这些脂质成分诱导痤疮发生的机制也各有不同。

2.特应性皮炎

特应性皮炎是一种慢性的炎症性皮肤病，具有反复发作的特点。一般婴儿期就会发病，50%的患者是在1岁前发病，该病发展缓慢，部分患者会迁延到成年，也有成年初发此病的。

特应性皮炎最大的特点是皮肤脂质代谢紊乱。已有研究证明，特应性皮炎患者的皮脂成分中角鲨烯和蜡酯含量减低，表皮细胞的脂质成分中游离和酯化的胆固醇含量升高。在特应性皮炎患者中，皮脂含量偏低与表皮水合状态减弱有很大的关系，由此可知皮肤屏障功能的破坏与皮脂腺功能降低存在着一定的联系。由于青春期皮脂腺分泌旺盛，儿童期特应性皮炎逐渐得到缓解，度过青春期后随着皮脂分泌量的减少，成年期特应性皮炎可能会发展为干燥性皮炎。

【想一想】 皮肤表面脂质有哪些作用？

【敲重点】

1. 皮肤表面脂质的屏障作用。
2. 皮肤表面脂质的滋润皮肤作用。
3. 皮肤表面脂质的抗感染作用。
4. 皮肤表面脂质的中和酸碱损害作用。
5. 皮肤表面脂质的维持人体皮肤表面常驻菌的生态稳定性作用。
6. 皮肤表面脂质作为皮肤病和衰老的生物标志。

【本章小结】

本章详细介绍了皮肤表面脂质的成分及作用，阐述了皮肤表面脂质与相关皮肤疾病的关系，可以帮助皮肤管理师准确地辨识与分析顾客的皮肤，对于皮肤管理师为顾客制定皮肤管理方案有重要的指导意义。

【职业技能训练题目】

一、填空题

1.皮脂膜是由（ ）里分泌出来的油脂、角质细胞产生的脂质、（ ）里分泌出来的汗液和脱落的角质细胞经过低温乳化，在皮肤表面形成的一层保护膜。

2. 皮肤表面脂质与多种皮肤问题有直接或间接的关系，例如皮肤干燥、（　）、（　）等。

3. 皮肤表面脂质的作用有（　）、滋润皮肤作用、抗感染作用、（　）、维持人体皮肤表面常驻菌的生态稳定性作用、作为皮肤病和衰老的生物标志。

二、单选题

1.（　）是皮肤表面脂质中非常稳定的成分，具有润滑、保护、减缓水分流失等作用。同时还可以形成疏水微结构，能抵抗灰尘、花粉、细菌等物理或生物因素入侵皮肤。

A. 甘油三酯　　B. 蜡酯

C. 神经酰胺　　D. 角鲨烯

2. 游离脂肪酸由毛囊内寄生的微生物水解（　）产生。

A. 甘油三酯　　B. 胆固醇

C. 蜡酯　　D. 维生素E

3. 皮肤表面脂质的作用不包括（　）。

A. 屏障作用　　B. 修复皮肤烧伤作用

C. 滋润皮肤作用　　D. 抗感染作用

4. 甘油三酯作为一类脂质，其作用不包括（　）。

A. 能量存储　　B. 构成细胞膜

C. 加速皮肤水分流失　　D. 增强皮肤屏障

5. 皮肤表面脂质过氧化物的主要来源是（　）。

A. 甘油三酯　　B. 氧化后的胆固醇

C. 蜡酯　　D. 氧化后的角鲨烯

三、多选题

1. 皮脂腺分泌的皮脂中含有（　）。

A. 雌激素　　B. 角鲨烯

C. 游离脂肪酸　　D. 胆固醇

E. 雄激素

2. 皮肤表面脂质也称为皮表脂质，主要成分包括（ ）。

A. 甘油三酯
B. 蜡酯
C. 角鲨烯
D. 胆固醇
E. 胆固醇酯

3. 皮肤表面脂质的主要作用包括（ ）。

A. 屏障作用
B. 滋润皮肤作用
C. 抗感染作用
D. 中和酸碱损害作用
E. 维持人体皮肤表面常驻菌的生态稳定性作用

4. 人体皮肤表面分布着大量的常驻菌群，其中（ ）是3种条件致病菌。

A. 酵母菌
B. 棒状杆菌
C. 葡萄球菌
D. 丙酸杆菌
E. 乳酸菌

5. 影响皮肤表面脂质的因素包括（ ）。

A. 药物
B. 年龄
C. 性别
D. 人种
E. 饮食

四、简答题

1. 简述皮肤表面脂质的主要成分。

2. 简述影响皮肤表面脂质的因素。

第二章
皮肤的颜色和色素

【知识目标】

1. 了解黑素细胞的分布。
2. 了解黑素小体的形成过程。
3. 熟悉影响肤色的因素。
4. 掌握黑素小体的代谢途径。

【技能目标】

具备针对顾客肤色情况提供改善建议的能力。

【思政目标】

1. 在培育综合素养过程中根植理想信念，在知识传授中引领主流价值。
2. 培育和践行社会主义核心价值观，诚信建设，提升素养。

【思维导图】

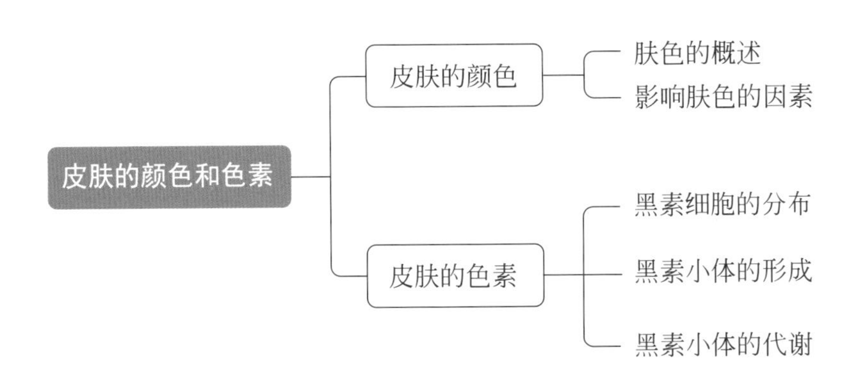

第一节 皮肤的颜色

一、肤色的概述

肤色是指人类皮肤表皮层因真黑素、褐黑素、胡萝卜素、血氧等的含量差异所反映出来的皮肤颜色。肤色因人而异，且在不同地区及人群中有着明显的区分，其原因需要依据皮肤结构组织来进行分析。

皮肤由表皮、真皮和皮下组织构成，它们有截然不同的细胞群，具有不同的功能，而皮肤的颜色主要取决于表皮层。表皮有两种重要的细胞：角质形成细胞和黑素细胞。角质形成细胞最后形成了皮肤角质层，隔开了机体和外界环境。黑素细胞在表皮层的底部，能分泌黑素。皮肤的颜色主要由皮肤内黑素的含量决定。肤色是人种分类的重要标志之一，在高寒的地区，人们不会受到烈日的暴晒，身体的黑素很少，所以肤色多呈白色。在赤道处阳光集中，人们常受到强烈的日光直射，身体经调节产生大量的黑素以保护皮肤，所以肤色呈黑或棕黑色。居住在温带的人们肤色呈中性的黄或黄棕色。

二、影响肤色的因素

人体皮肤的颜色受遗传和外界环境因素的影响，与皮肤中的黑素、胡萝卜素、血红素的含量和分布均有关，其中与黑素的合成及分布关系最为密切。黑素分为真黑素和褐黑素，真黑素呈黑褐色，褐黑素呈黄色或红褐色。表皮中含有胡萝卜素，呈黄色，主要沉积在基底层。在真皮血管中还含有另外3种与肤色相关的物质，即血红蛋白（红蓝色）、氧合血红蛋白（鲜红色）和胆红素（黄色）。正是由于上述几种色素的数量及比例不同，才导致了不同机体肤色的差异（图2-1）。

皮肤的颜色还与角质层厚度有关。表皮的厚度尤其是角质层和颗粒层的厚度会影响到皮肤的颜色，表皮偏薄容易显露出毛细血管内血液的颜色，而表皮偏厚容易使皮肤的透光性降低，皮肤容易发黄。

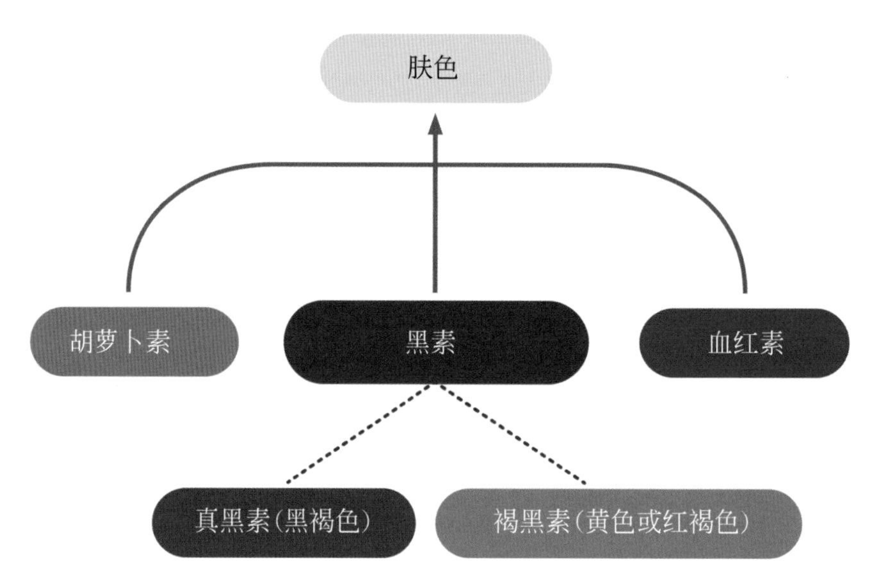

图 2-1　影响肤色的色素

此外，皮肤的颜色还与精神因素、生活环境、营养成分及皮肤微生态有关。睡眠不足、情绪不佳、疲劳等会影响垂体功能，导致内分泌紊乱，影响黑素合成。日光照射促进黑素的合成，引起皮肤色素沉着。氨基酸、维生素及微量元素等营养物质缺乏或不均衡，可影响黑素合成。如酪氨酸、赖氨酸和色氨酸等是黑素合成所必需的氨基酸，缺乏可影响黑素合成。维生素A缺乏可使毛囊角化而巯基减少，黑素合成增加。烟酸缺乏可增加皮肤对光的敏感性，而促进黑素合成。维生素C是还原剂，能使黑素代谢的中间产物形成还原型的无色素物质，使黑素合成减少。维生素E是抗氧化剂，可协同维生素C减少黑素的合成。类胡萝卜素摄入过多则可使皮肤呈黄色。铜、锌离子在黑素合成中起辅酶作用，酪氨酸酶催化酪氨酸形成黑素的能力与铜离子的数量成正比，血清铜水平增高可使酪氨酸酶活性增强，从而促进黑素的合成。皮肤微生态失衡也会影响肤色。对黄褐斑色斑区菌群的分布情况进行研究发现，其暂驻菌如棒状菌及产色素微球菌明显增加，尤其是产生褐色、橘黄色的微球菌显著增加。

【想一想】　日常生活中有哪些行为习惯会影响我们的肤色？

【敲重点】　影响肤色的因素。

第二节 皮肤的色素

一、黑素细胞的分布

黑素细胞是一种特殊的细胞，它能产生黑素，通过黑素细胞的树枝状突起传递给周围的角质形成细胞，保护其细胞核，防止染色体受到光线辐射而受损。皮肤黑素细胞（图2-2）主要分布在表皮基底层，也见于毛根部及外毛根鞘。大约每10个基底细胞中有1个黑素细胞，有研究表明，这样的分布密度没有人种之间的差别。

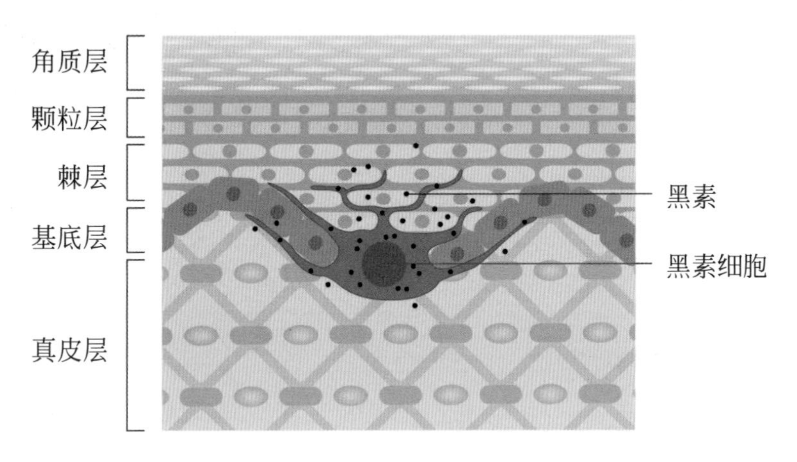

图 2-2　黑素细胞分布

成人各部位的表皮黑素细胞数量存在着明显的差异，颈部黑素细胞最多，上肢、后背次之，下肢、胸腹最少，这种差异恰好与正常情况下身体各部位接受紫外线量的梯度一致，侧面说明了黑素细胞数量的差异与紫外线照射程度有关。

黑素细胞可视为单细胞腺体，其超微结构与分泌细胞相同，其中含有很多内质网、线粒体、高尔基体等细胞器，还有特征性的黑素小体。黑素小体中含有酪氨酸酶，是合成黑素的主要场所。

二、黑素小体的形成

黑素小体位于黑素细胞的细胞质内，是黑素细胞内的特殊颗粒，由蛋白质结构和脂溶性色素组成，呈圆形或卵圆形，是制造黑素的细胞器，在内源性因素或外部刺激作用时，黑素小体启动黑素合成步骤，成为一个成熟的黑素小体。

根据黑素小体成熟度不同，将黑素小体的发展分为四个时期。Ⅰ期时黑素小体为球形或卵圆形空泡，内含有少量蛋白质微丝，酪氨酸酶的活性很强。Ⅱ期时黑素小体为卵圆形，微丝蛋白相互交织成片状，酪氨酸酶活性依然很强。值得注意的是，Ⅰ期和Ⅱ期时均无黑素形成，到Ⅲ期时才有部分黑素合成，此时酪氨酸酶的活性减弱。Ⅳ期时黑素小体内充满黑素，酪氨酸酶彻底丧失活性，黑素小体成熟。黑素小体的成熟度影响着皮肤的颜色。在正常黑素细胞中黑素小体形成褐黑素与真黑素的电子微观图见图2-3、图2-4。

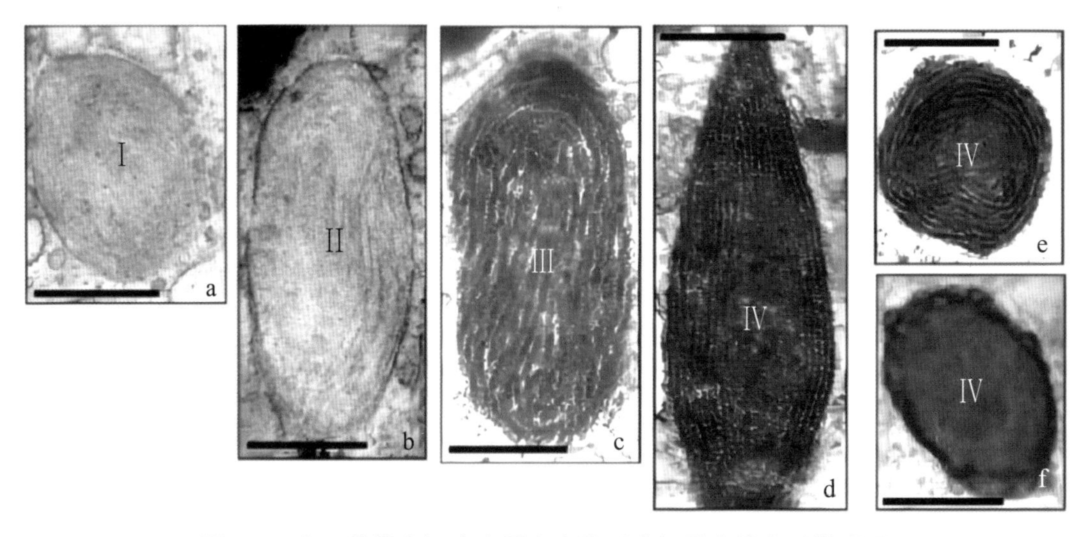

图 2-3 在正常黑素细胞中黑素小体形成褐黑素的电子微观图

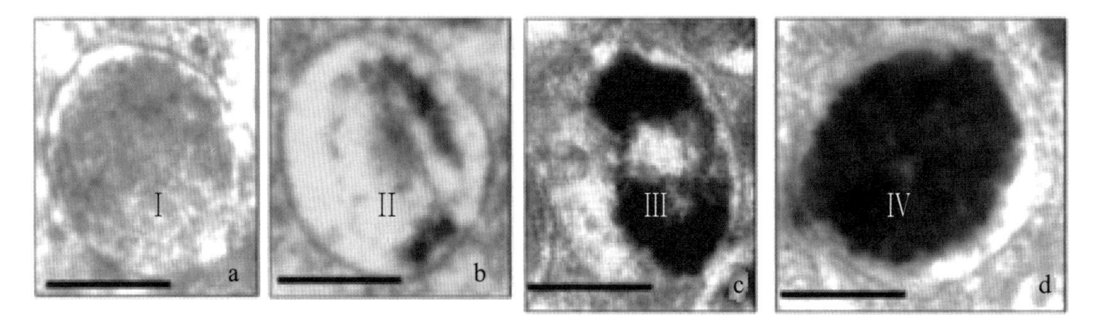

图 2-4 在正常黑素细胞中黑素小体形成真黑素的电子微观图

【相关知识——黑素的合成】

酪氨酸酶是生物体合成黑素的关键酶和限速酶，在合成过程的多个反应步骤中起关键作用。酪氨酸酶能够催化黑素的产生、表达和集聚，影响着人的肤色、动物的毛色、植物果蔬的色泽和新鲜度。酪氨酸在酪氨酸酶的催化下，先转化为多巴（DOPA），然后继续转化为多巴醌，多巴醌很不稳定，很快就会变成多巴色素，但多巴醌如果遇到半胱氨酸的话，就会经过一系列反应后，生成颜色较浅的褐黑素。多巴色素有两个转化途径，一个途径是先变成二羟基吲哚（DHI），然后再在相应的酪氨酸酶的催化下生成DHI-黑素。另一个途径是经多巴色素互变酶催化生成二羟基吲哚乙酸（DHICA），再在相应氧化酶的作用下生成DHICA-黑素（图2-5）。

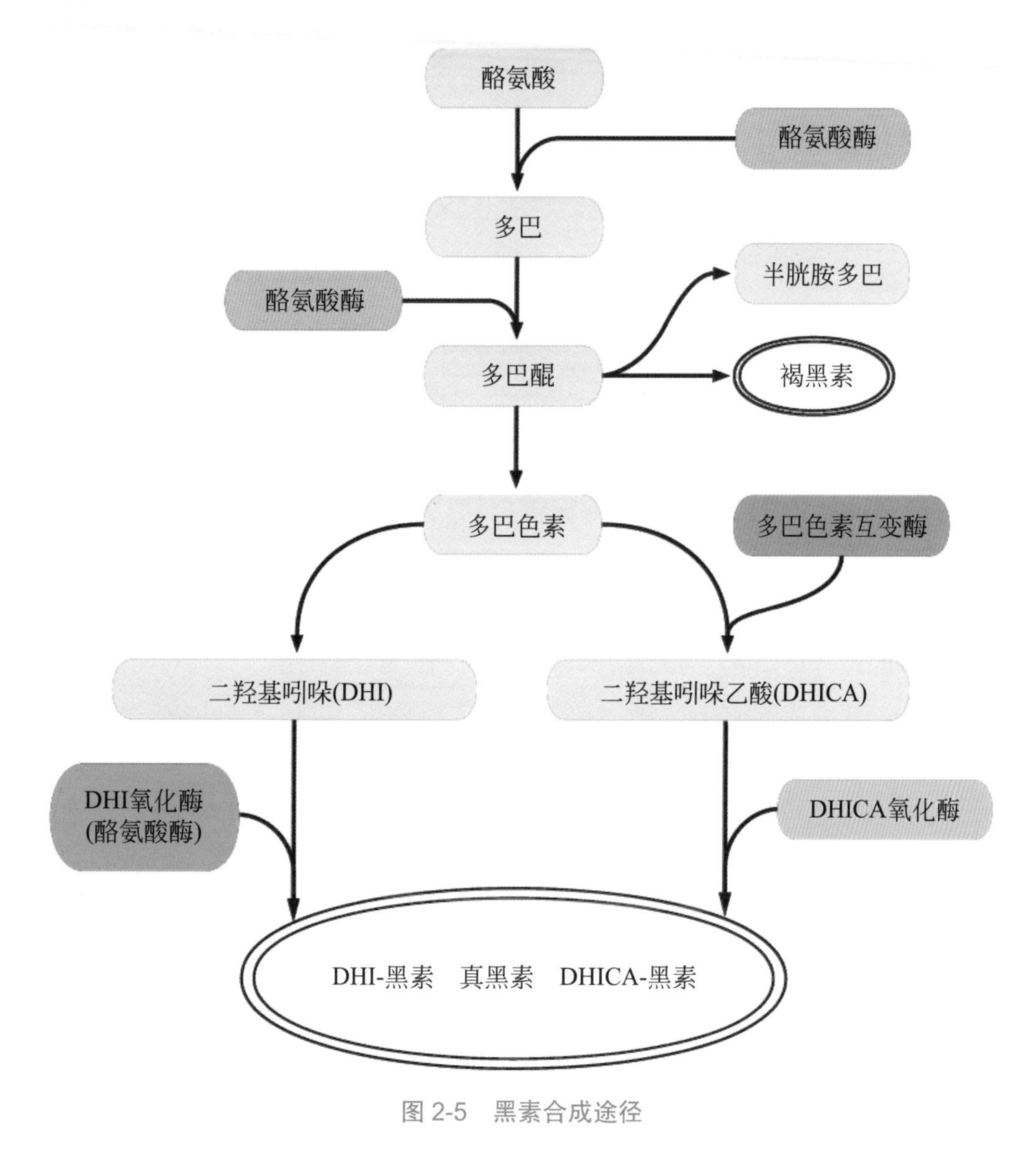

图2-5 黑素合成途径

【相关知识——化妆品美白成分与色素代谢】

黑素合成代谢分为不同时期，科学家针对不同代谢时期来研究美白成分。

1. 黑素合成前期

① 干扰酪氨酸酶的转录和/或糖基化；② 抑制酪氨酸酶形成中的调节因子；③ 酪氨酸酶转录后控制。

2. 黑素合成中期

作为黑素合成的关键酶和限速酶，使用酪氨酸酶抑制剂是目前主要手段。大部分美白剂如酚类、儿茶酚衍生物结构上与酪氨酸和多巴相似，往往将所筛选的美白剂分为酪氨酸酶非竞争或竞争性抑制剂（见表2-1）。

表 2-1　酪氨酸酶活性抑制剂

美白剂	抑制酪氨酸酶	其他作用
熊果苷	竞争性抑制	抑制 DHICA 聚合酶活性
芦荟苦素	竞争性抑制 DOPA 氧化	非竞争性抑制酪氨酸羟基化
壬二酸	竞争性抑制	—
白藜芦醇	竞争性抑制	ROS（活性氧）扑灭，COX-2（环氧合酶 -2）抑制剂、抗癌
氧化白藜芦醇	非竞争性抑制	ROS（活性氧）扑灭，COX-2（环氧合酶 -2）抑制剂、抗癌
曲酸	铜离子络合剂	抗自由基、铁离子络合
甲基龙胆酸盐	铜离子络合剂	—
鞣花酸	铜离子络合剂	自由基活性淬灭

3. 黑素合成后期

① 抑制黑素小体转移：具有丝氨酸蛋白酶抑制作用的物质，可以避免UVB（紫外线B[段]）诱导的表皮色素沉着。大豆胰蛋白酶抑制剂，有明显的美白效果。烟酰胺，能够阻碍黑素小体在黑素细胞与角质形成细胞间的传递。② 黑素分散与代谢：α-羟基酸、游离脂肪酸和视黄酸，刺激细胞的更新，促进黑化的角质形成细胞的去除。

作用于黑素合成不同时期的抑制剂见表2-2。值得注意的是，基于以上黑素代谢为基础的美白物质研究及应用，并不适合于老年斑的预防和治疗。由于老年斑的形成机制与脂褐素的形成相关，延缓和逆转老年斑通常使用抗氧化活性物质。

表 2-2 作用于黑素合成不同时期的抑制剂

作用时期	作用靶向	物质
黑素合成前期	酪氨酸酶转录	C2- 神经酰胺，维 A 酸
	酪氨酸酶糖基化	泛酰巯基乙胺磺酸钙
黑素合成中期	酪氨酸酶抑制剂	曲酸、鞣花酸、熊果苷、白藜芦醇、芦荟苦素、氧化白藜芦醇
	过氧化酶抑制剂	酚类 / 儿茶酚衍生物
	产物还原剂或活性氧扑灭剂	抗坏血酸、抗坏血酸棕榈酸酯、磷酸酯镁、硫辛酸
黑素合成后期	酪氨酸酶降解	亚油酸、α- 亚麻酸
	黑素小体转移抑制剂	烟酰胺和拟糖蛋白、大豆 / 牛奶提取物
	加速表皮细胞更新	乳酸、维 A 酸、乙醇酸、亚油酸、甘草苷

三、黑素小体的代谢

黑素小体一旦传递进入角质形成细胞内，就会有选择性地向角质形成细胞的表皮侧移动，这样有利于角质形成细胞吸收透入皮肤中的紫外线，保护其下的细胞核不发生突变损伤。

随着角质形成细胞不断向表皮角质层上移动完成最终分化过程，其胞质内的黑素小体也不断降解。最终，当角质形成细胞到达角质层，黑素小体结构也消失，利用电子显微镜，人们观察到白种人浅层表皮黑素小体完全消失，即使在黑人的浅层表皮也发现黑素小体明显减少。

另有部分黑素移向真皮浅层，或被吞噬细胞所吞噬降解，或被运至血液循环中分解，经肾排出。黑素细胞中黑素小体的黑素合成率，与其被摄取、转运后的清除率，在体内通过一系列反馈、影响机制而保持同步，处于动态平衡之中，从而维系着人类肤色的相对稳定。

黑素小体的去向（图 2-6）：一是随角质形成细胞向表层分化推移，最后随角质细胞脱落；二是向真皮内转运，被真皮内的嗜黑素细胞吞噬后带到淋巴结而随之消失，也可经血液循环从肾脏排出。美容中应用的剥脱法（酸性药物、激光、磨削等）是通过加速角质层的脱落来达到美白或祛斑的效果，但有可能导致皮肤的防御屏障受损，建议谨慎使用。

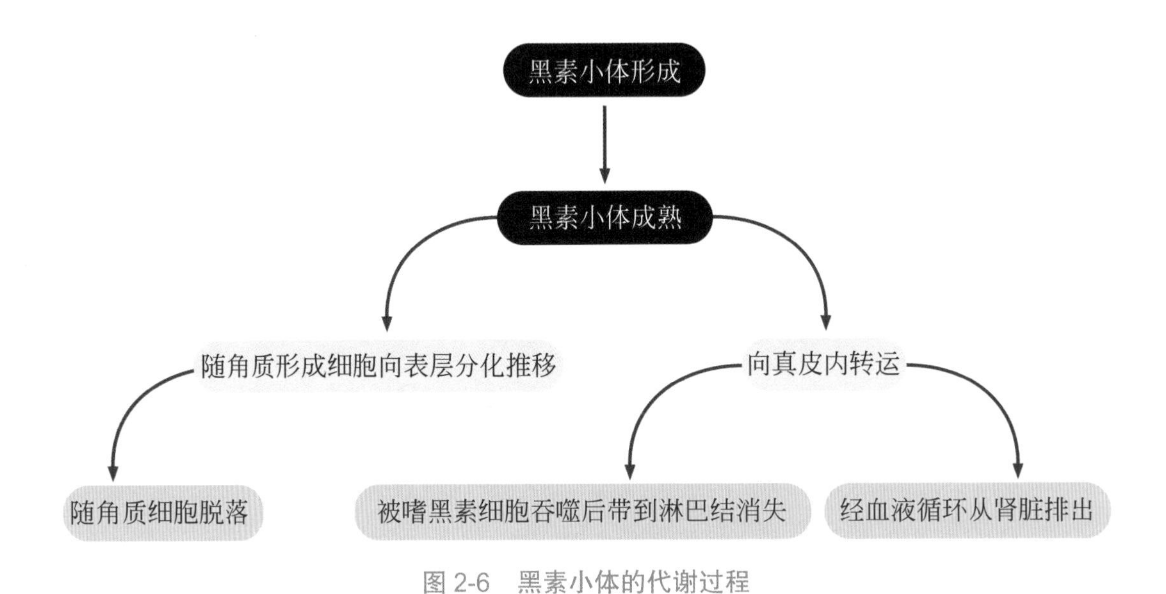

图 2-6　黑素小体的代谢过程

【想一想】　在日常生活中，我们可以通过哪些方法促进黑素小体的代谢？

【敲重点】
1. 黑素细胞的分布。
2. 黑素小体的形成。
3. 黑素小体的代谢。

【本章小结】

本章深入分析了肤色的成因、皮肤颜色的影响因素，解释了黑素的分泌代谢及其作用机制，帮助皮肤管理师更加全面、系统地了解肤色形成机制，更好地调理顾客肤色。

【职业技能训练题目】

一、填空题

1. 黑素小体中含有（　），是合成黑素的主要场所。
2. 黑素细胞在表皮层的底部，能分泌黑素，皮肤的颜色主要由皮肤内（　）的含量决定。

3. 成人各部位的表皮黑素细胞数量存在着明显的差异，（ ）黑素细胞最多，（ ）、后背次之，（ ）、胸腹最少。

二、单选题

1. 表皮有两种重要的细胞：角质形成细胞和（ ），角质形成细胞最后形成了皮肤角质层，隔开了机体和外界环境。

A. 黑素细胞　　B. 朗格汉斯细胞

C. 巨噬细胞　　D. 淋巴细胞

2. 黑素细胞在表皮层的（ ），能分泌黑素。

A. 外部　　B. 中部　　C. 底部　　D. 表面

3. 皮肤的颜色主要由皮肤内黑素的（ ）决定。

A. 大小　　B. 含量　　C. 形状　　D. 颜色

4. 黑素小体的去向，以下说法错误的是（ ）。

A. 随角质形成细胞向表层分化推移　　B. 向真皮内转运

C. 经血液循环从肾脏排出　　D. 转化为胡萝卜素

5. 皮肤黑素细胞主要分布在（ ），也见于毛根部及外毛根鞘。

A. 表皮角质层　　B. 表皮颗粒层

C. 表皮棘层　　D. 表皮基底层

三、多选题

1. 人体皮肤的颜色受遗传和外界环境因素的影响，与皮肤中的（ ）、（ ）、（ ）的含量和分布均有关，其中与黑素的合成及分布关系最为密切。

A. 黑素　　B. 胡萝卜素

C. 血红素　　D. 血清素

E. 胰岛素

2. 肤色是指人类皮肤表皮层因（ ）等的含量差异所反映出来的皮肤颜色。

A. 真黑素　　B. 褐黑素

C. 胡萝卜素　　D. 血氧

E. 褪黑素

3. 根据黑素小体成熟度不同，将黑素小体的发展可分为四个时期，以下描述正确的是（　）。

A. Ⅰ期时黑素小体为球形或卵圆形空泡，内含有少量蛋白质微丝，酪氨酸酶的活性很强

B. Ⅱ期时黑素小体为卵圆形，微丝蛋白相互交织成片状，酪氨酸酶活性依然很强

C. Ⅰ期和Ⅱ期时均无黑素形成

D. Ⅲ期时才有部分黑素合成，此时酪氨酸酶的活性减弱

E. Ⅳ期时黑素小体内充满黑素，酪氨酸酶彻底丧失活性，黑素小体成熟

4. 以下关于黑素细胞描述正确的有（　）。

A. 黑素细胞是一种特殊的细胞，它能产生黑素

B. 黑素细胞主要分布在表皮基底层，也见于毛根部及外毛根鞘

C. 黑素细胞数量的差异与紫外线照射程度无关

D. 大约每10个基底细胞中有1个黑素细胞

E. 黑素细胞中有黑素小体

5. 成人各部位的表皮黑素细胞数量存在着明显的差异，颈部黑素细胞最多，（　）黑素细胞最少。

A. 上肢　　B. 下肢

C. 后背　　D. 胸腹

E. 手掌

四、简答题

1. 简述肤色的成因。

2. 简述黑素细胞的作用。

第三章 基础化妆品核心成分及配方解读

【知识目标】

1. 了解保湿剂和保湿体系。
2. 熟悉氨基酸表面活性剂和皂基表面活性剂的区别。
3. 熟悉物理防护产品的特点。
4. 掌握氨基酸表面活性剂洁面产品和皂基表面活性剂洁面产品的判断方法。
5. 掌握根据不同剂型和保湿体系判断产品保湿效果的方法。
6. 掌握无机防晒剂和有机防晒剂的特点及主要成分。

【技能目标】

1. 具备解读基础化妆品配方表的能力。
2. 具备向顾客提供基础化妆品成分和配方咨询的能力。

【思政目标】

1. 熟悉《化妆品监督管理条例》（2020版）。
2. 遵守诚实守信、不弄虚作假的道德规范。

【思维导图】

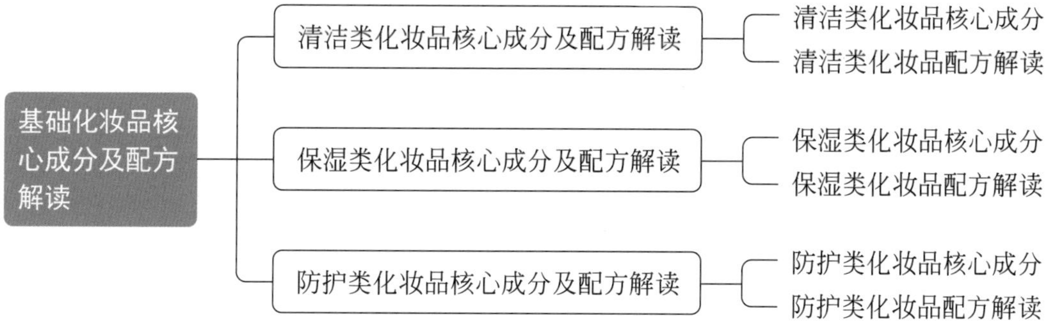

基础化妆品核心成分及配方解读
- 清洁类化妆品核心成分及配方解读
  - 清洁类化妆品核心成分
  - 清洁类化妆品配方解读
- 保湿类化妆品核心成分及配方解读
  - 保湿类化妆品核心成分
  - 保湿类化妆品配方解读
- 防护类化妆品核心成分及配方解读
  - 防护类化妆品核心成分
  - 防护类化妆品配方解读

第一节　清洁类化妆品核心成分及配方解读

一、清洁类化妆品核心成分

清洁类化妆品包括洁面产品、洗发产品、沐浴产品等，本节主要介绍洁面产品。洁面产品中具有清洁效果的成分主要是表面活性剂和溶剂。

1.表面活性剂

表面活性剂在化妆品中应用广泛，具有洗涤、润湿、乳化、发泡、分散等功能，可作为洗涤剂、乳化剂、发泡剂、增溶剂等。表面活性剂（surfactant），简称为表活，是指能使目标溶液表面张力显著下降的物质，其分子一般由亲水基和亲油基两部分组成，可以使水油互溶（图3-1）。

图 3-1　表面活性剂结构示意图

表面活性剂根据是否能电离分为非离子表面活性剂和离子表面活性剂（图3-2）。非离子表面活性剂不能电离，不生成离子。离子表面活性剂能电离，根据其在水中电离出表面活性离子的电荷性质，分为阴离子表面活性剂、阳离子表面活性剂和两性表面活性剂。两性表面活性剂在水中电离后，既含有阴离子亲水基又含有阳离子亲水基。

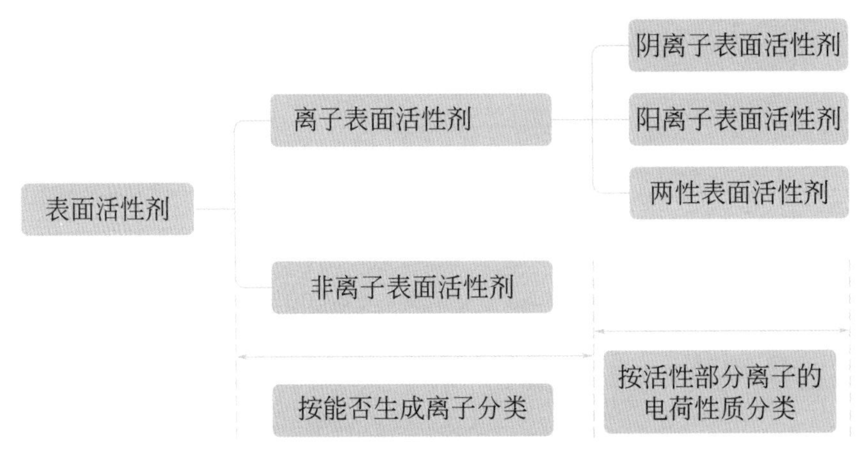

图 3-2　表面活性剂的分类

2.氨基酸表面活性剂和皂基表面活性剂的区别

市场中，氨基酸表面活性剂和皂基表面活性剂在洁面产品中广泛使用。两种表面活性剂各具特点（表3-1）。

表3-1 常见氨基酸表面活性剂和皂基表面活性剂的区别

分类	损伤角质层的程度	安全性	刺激性	酸碱性
氨基酸表面活性剂	低	高	低	弱酸性或中性
皂基表面活性剂	高	低	高	碱性

氨基酸表面活性剂是具有发泡去污能力的脂肪酸的氨基酸盐（钠盐、钾盐、三乙醇胺盐）。脂肪酸一般为月桂酸、棕榈酸、椰油酸等。氨基酸一般为谷氨酸、甘氨酸、肌氨酸、丙氨酸（氨基丙酸）、甲基牛磺酸等。氨基酸表面活性剂大多属于两性表面活性剂，但也有部分属于阴离子表面活性剂和阳离子表面活性剂，其特点是清洁能力温和、泡沫细腻丰富、可生物降解不刺激、安全性高、在硬水中不生成沉淀。氨基酸表面活性剂使用后皮肤不紧绷、不干燥。部分氨基酸表面活性剂冲洗性差易有残余，使用后皮肤滑腻。近些年氨基酸表面活性剂洁面产品热度高，原因在于其清洁力和安全性达到较好的平衡。

皂基表面活性剂是脂肪酸（月桂酸、肉豆蔻酸、棕榈酸、硬脂酸等）与碱（氢氧化钾、氢氧化钠、三乙醇胺等）皂化之后形成的脂肪酸盐表面活性剂（月桂酸钾、肉豆蔻酸钠等），其特点是泡沫丰富、易冲洗、残留少，但洗涤力与脱脂力过强，耐硬水能力弱，其水溶液pH值一般大于7，呈碱性。长期使用皂基表面活性剂，可能会损伤角质层和皮脂膜，造成皮肤紧绷、干涩、粗糙的现象，甚至引发皮炎、过敏等症状。

3.溶剂

溶剂洁面产品如卸妆油、卸妆膏，依据相似相溶原理清除油性沉积物。当清洁睫毛膏、口红、防水防晒霜、持久粉底液、油彩等难以去除的油性沉积物时，相比使用表面活性剂洁面产品，溶剂洁面产品清洁力更强，但长期使用易导致皮肤干燥、粗糙。矿物油脂作为一种性价比较高的溶剂洁面产品原料应用广泛，但是一些廉价溶剂洁面产品使用劣质矿物油脂作为溶剂，劣质矿物油脂不易被清洁、有残留，进而导致粉刺、痤疮。

【相关知识——表面活性剂的常见成分】

1.石油系表面活性剂

石油系表面活性剂（石油基表面活性剂）是以石油馏分为原料合成的表面活性剂，其特点是价格低廉、配伍性好、泡沫丰富，但清洁能力极强、损伤角质层、可被皮肤吸收，引起过敏湿疹，常用于洗发水、沐浴液、洗衣粉、洗手液、洁厕灵等需强清洁力的产品，常见成分是烷基磺酸盐（SAS）和烷基苯磺酸盐（LAS）。

2.阴离子表面活性剂

（1）脂肪酸盐代表成分

① 月桂酸钾（potassium laurate，PL）常作为洗涤剂，用于液体皂和香波中，也被称为十二（烷）酸钾，由月桂酸和氢氧化钾溶液反应而制得。月桂酸钾具有优良的去污、乳化、分散、增溶、发泡、润湿、渗透性能，但不耐硬水，其水溶液因水解呈碱性。

② 硬脂酸钠（sodium stearate，SS）常作为化妆品的乳化剂，为白色油状粉末，有滑腻感和脂肪气味，易溶于热水或热醇，也被称为十八（烷）酸钠，由硬脂酸和氢氧化钠相互作用而制得，其水溶液因水解呈碱性，醇溶液为中性。

③ 高级脂肪酸盐是由动植物油脂与碱的水溶液加热皂化生成。制备肥皂所用的碱可以是氢氧化钠、氢氧化钾或三乙醇胺。

（2）烷基醇硫酸酯衍生物代表成分

烷基醇硫酸酯盐（alkyl alcohol sulfate，AS）是清洁类产品中使用广泛的表面活性剂之一。AS在高浓度和吸留在皮肤上时，有刺激性。它能促进皮肤对其他物质的渗透和使表皮组织脱脂。常用的是月桂醇硫酸酯钠和月桂醇聚醚硫酸酯钠，详细介绍如下。

① 月桂醇硫酸酯钠（sodium lauryl sulfate，SLS）常见于油性皮肤洁面产品或者洗发水，清洁力好，缺点是因为去脂力强，容易将皮脂膜去除，对皮肤具有潜在的刺激性。长期使用可使皮肤的防御能力降低，引起皮肤炎症、皮肤老化等现象。

② 月桂醇聚醚硫酸酯钠（sodium lauryl ether sulfate，SLES）亦属于去脂力佳的表面活性剂，其对皮肤及眼黏膜的刺激性稍微小于十二烷基硫酸钠。应用广泛，除了应用于洁面产品，还大量地应用于沐浴液及洗发水中。

③ 脂肪醇聚氧乙烯醚硫酸钠（ammonium polyoxyethylene fatty alcohol sulfate，AES）具有优异的去污力、乳化力、润湿力、增溶和起泡性能，溶解性好，增稠效果好，相容性广，抗硬水能力强，生物降解性高，对皮肤和眼睛刺激性弱。广泛用于液体洗涤剂，如洗洁精、洗发水、沐浴液、洗手液等。AES也可用于洗衣粉和重垢洗涤剂。用AES部分取代LAS不仅可以减少或消除磷酸盐，还可以减少总活性物质的消耗，也可用作纺织印染、油、皮革等行业的润滑剂、染色助剂、洗涤剂、发泡剂、脱脂剂等。但在脂肪醇聚氧乙烯醚磺化生产AES的过程中会产生致癌物二噁烷。AES中二噁烷的有效脱除是技术难点之一，从而限制了AES在高品质日化行业的应用。

（3）磺酸盐代表成分

① 酰基磺酸钠（sodium cocoyl isethionate）具有优良的清洁力，且对皮肤的刺激性弱。此外，有极佳的亲肤性，使用时有不错的触感，使用后皮肤不会过于干燥，且有柔嫩的触感，加入此成分的洗面奶十分适合正常皮肤使用。

② 磺基琥珀酸酯盐（disodium laureth sulfosuccinate）属于中度去脂力的表面活性剂，较少作为主要清洁成分。去脂力不强，但起泡力极佳，常与其他清洁成分搭配使用，作为起泡的主力军，除了在洗面奶里面使用以外，更常见于泡沫沐浴液或者儿童沐浴液中，本身对于皮肤及眼黏膜的刺激性小，对干性及敏感性皮肤来说，属于温和性的清洁成分。

（4）*N*-酰基氨基酸及其盐

N-酰基肌氨酸钠（sodium lauroyl sarcosinate）具有中度去脂力、低刺激性、起泡力佳的特点，与磺基琥珀酸酯盐类似，常与其他清洁成分搭配使用，如：月桂酰肌氨酸钠、椰油酰甘氨酸钾。

3. 阳离子表面活性剂

阳离子表面活性剂溶于水时解离出的亲水基为阳离子，由于和阴离子表面活性剂（脂肪酸皂）的结构相反，也称为逆性肥皂。阳离子表面活性剂的去污力和发泡力不如阴离子表面活性剂，但是容易在头发表面形成保护膜，同时在一定的条件下具备杀菌作用，常用作头发调理剂和杀菌剂，常见季铵盐类。

4. 两性表面活性剂

两性表面活性剂是指分子内的亲水基部分既带正电荷也带负电荷。一般情况下，在碱性条件下解离出阴离子，在酸性条件下解离出阳离子。刺激性低，起泡性好，中度去脂力，较适宜干性皮肤或婴儿清洁制品。现今，两性表面活性剂在婴幼儿洗发露中使用较多，洗面奶中常与其他去脂力强的清洁成分搭配使用。两性表面活性剂可分为氨基酸型、甜菜碱型、氧化铵型、咪唑啉型和牛磺酸型，代表产品是椰油酰胺丙基甜菜碱。

5. 非离子表面活性剂

非离子表面活性剂在水中不是解离状态，不是以离子的形式存在，因此不易受酸碱和电解质的影响，稳定性好，与其他表面活性剂相容性好。按照亲水基的不同，非离子表面活性剂可分为：山梨醇酯类、甘油酯类和糖类衍生物等。

【相关知识——表面活性剂对皮肤造成的常见问题】

1. 皮肤粗糙

当与表面活性剂接触时，皮肤粗糙是最常见的伤害。其特征是反常的皮肤剥落和干燥，但没有炎症反应，如重复接触会发生炎症反应。

2. 皮肤紧绷

评估皮肤紧绷程度的方法，使用4mL浓度为5%的目标溶液涂于右颊皮肤上，停留10s后用水冲洗。擦干面部多余水分，比较右颊和没有用表面活性剂洗涤的左颊的感觉。大多数阴离子表面活性剂在洗涤5min后面部皮肤都会产生紧绷的感觉。

3. 皮肤刺激

表面活性剂透过角质层渗入表皮会刺激皮肤。大多数阴离子表面活性剂在一定的浓度下对人的皮肤具有明显刺激作用。一些实验表明，皮肤在用阴离子表面活性剂重复处理后会引起红斑反应，伴随出现脱皮和干燥，表明皮肤屏障受损。

二、清洁类化妆品配方解读

通过配方表的基础解读可以判断洁面产品是氨基酸表面活性剂洁面产品，还是皂基表面活性剂洁面产品，或是其他洁面产品。

1.氨基酸表面活性剂洁面产品的判断方法

氨基酸表面活性剂洁面产品是以氨基酸表面活性剂为主的洁面产品。配方表（成分表）是挑选氨基酸表面活性剂洁面产品的重要依据。

第一步，依据成分在配方表的位置找到主要表面活性剂。

洁面产品成分出现在配方表的前几位，除了水、甘油和丙二醇等成分，余下的成分是排名最前的表面活性剂。根据2021年6月3日发布的《化妆品标签管理办法》，各成分在产品配方中按含量降序列出。化妆品配方中所有不超过0.1%（质量比）的成分应当以“其他微量成分”作为引导语引出另行标注，可以不按照成分含量降序列出。除其他微量成分外，化妆品中含量越高的成分，在成分表的排名越靠前（图3-3）。

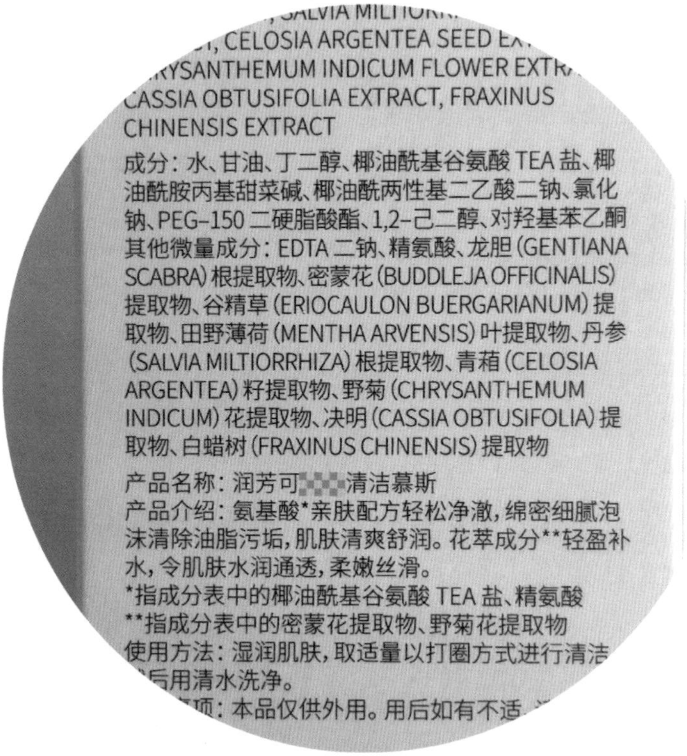

图3-3　洁面产品包装上的成分表

第二步，依据排名最前的表面活性剂的名称判断是否为常见氨基酸表面活性剂。

先看名称中是否有“酰”字，如没有，则该成分不是氨基酸表面活性剂；如果有，再看名称是否有“氨酸”“氨基丙酸”“胺丙基”或者“甲基牛磺酸”的字眼，如果有，则是氨基酸表面活性剂。

常见氨基酸表面活性剂的名称形式：脂肪酸名称+酰+氨基酸名称+碱名称。

脂肪酸名称一般是月桂（酸）、椰油（酸）、棕榈（酸）。

氨基酸名称一般是谷氨酸、甘氨酸、肌氨酸、丙氨酸（也叫氨基丙酸）、甲基牛磺酸等。

碱名称一般是（氢氧化）钠、（氢氧化）钾、三乙醇胺。

化妆品中常用的氨基酸表面活性剂有椰油酰肌氨酸钠、椰油酰谷氨酸钠、椰油酰丙氨酸钠、椰油酰甲基牛磺酸钠、椰油酰基谷氨酸TEA（三乙醇胺）盐、月桂酰甘氨酸钠、月桂酰谷氨酸钠、月桂酰谷氨酸钾、月桂酰谷氨酸TEA盐等。

需要注意的是，该辨别方法仅是在全成分里从原料的名称对氨基酸表面活性剂进行辨别，从原料本身来看，“酰”是结构，不代表氨基酸，需要看直接的化学名称及其结构判定是否是氨基酸表面活性剂。

2. 皂基表面活性剂洁面产品的判断方法

皂基表面活性剂洁面产品是以皂基表面活性剂为主的洁面产品。与氨基酸表面活性剂洁面产品一样，配方表是判断产品是否为皂基表面活性剂洁面产品的重要依据。

皂基表面活性剂洁面产品（表3-2）的配方表一般有两种情况。

表 3-2　皂基表面活性剂常用脂肪酸、碱及其生成物

脂肪酸	碱		
	氢氧化钠	氢氧化钾	三乙醇胺（TEA）
月桂酸（十二烷酸）	月桂酸钠	月桂酸钾	月桂酸 TEA 盐
肉豆蔻酸（十四烷酸）	肉豆蔻酸钠	肉豆蔻酸钾	肉豆蔻酸 TEA 盐
棕榈酸（十六烷酸）	棕榈酸钠	棕榈酸钾	棕榈酸 TEA 盐
硬脂酸（十八烷酸）	硬脂酸钠	硬脂酸钾	硬脂酸 TEA 盐
椰油酸	椰油酸钠	椰油酸钾	椰油酸 TEA 盐

第一种情况是，依据成分在配方表的位置，除了水、甘油和丙二醇等成分，排名最前的成分是脂肪酸（月桂酸、肉豆蔻酸、棕榈酸、硬脂酸），且排名稍后的成分有碱（氢氧化钠、氢氧化钾、三乙醇胺）时，该产品为皂基表面活性剂洁面产品。脂肪酸和碱在洁面产品的生产过程中发生皂化反应生成脂肪酸盐（皂基表面活性剂）。

第二种情况是，依据成分在配方表的位置，除了水、甘油和丙二醇等成分，排名最前的为脂肪酸盐（皂基表面活性剂），如月桂酸钾/钠/TEA盐、肉豆蔻酸钾/钠/TEA盐、棕榈酸钾/钠/TEA盐、硬脂酸钾/钠/TEA盐时，则该产品为皂基表面活性剂洁面

产品。

3.洁面产品配方成分示例解读

（1）氨基酸表面活性剂洁面产品配方表

配方表（表3-3）中，月桂酰肌氨酸钠位于第二位，是主要表面活性剂。同时，月桂酰肌氨酸钠中有“酰”和“氨酸”，故主要表面活性剂是氨基酸表面活性剂。综上所述，此产品为氨基酸洁面产品。椰油酰胺丙基甜菜碱、椰油酰甘氨酸钾作为辅助表面活性剂，能显著提高清洁类化妆品的柔软性、调理性和低温稳定性。甘油、1,3-丁二醇、1,2-己二醇是保湿剂，能改善肤感，帮助皮肤在清洁后不紧绷、不干燥。对羟基苯乙酮和1,2-己二醇配合使用起到防腐作用，安全性高，为现常用防腐体系。金缕梅提取物、马齿苋提取物、甘草提取物等植物提取物为皮肤调理剂。

表 3-3　氨基酸表面活性剂洁面慕斯配方成分示例

编号	成分	作用
1	水	溶剂
2	月桂酰肌氨酸钠	主要表面活性剂、洗涤剂
3	甘油	保湿剂
4	椰油酰胺丙基甜菜碱	辅助表面活性剂、洗涤剂、稳泡剂
5	1,3-丁二醇	保湿剂
6	金缕梅提取物	皮肤调理剂
7	椰油酰甘氨酸钾	辅助表面活性剂、洗涤剂
8	马齿苋提取物	皮肤调理剂
9	1,2-己二醇	保湿剂
10	对羟基苯乙酮	抗氧化剂
11	甘草提取物	皮肤调理剂
12	小分子透明质酸	保湿剂、增稠剂

（2）皂基表面活性剂洁面产品配方表

配方表（表3-4）第二位成分肉豆蔻酸是脂肪酸，第六位成分氢氧化钾是碱，所以该产品为皂基表面活性剂洁面产品。肉豆蔻酸和氢氧化钾在产品生产时发生皂化反应，生成肉豆蔻酸钾。肉豆蔻酸钾是常见皂基表面活性剂，为主要的表面活性剂。月桂酸和棕榈酸与氢氧化钾反应生成月桂酸钾和棕榈酸钾，为表面活性剂。随着反应的进行，生成的表面活性剂具有一定的乳化作用，PEG-120甲基葡糖酸二油酸酯具有乳化未反应的脂肪酸的作用，同时具有较好的发泡性和稳泡性。

表 3-4　皂基表面活性剂洁面乳配方成分示例

编号	成分	作用
1	水	溶剂
2	肉豆蔻酸	柔润剂、清洁剂
3	棕榈酸	柔润剂、清洁剂
4	丙二醇	保湿剂
5	月桂酸	柔润剂、清洁剂
6	氢氧化钾	pH 调节剂
7	PEG-120 甲基葡糖酸二油酸酯	乳化剂、发泡稳泡剂
8	香精（微量）	香精

（3）溶剂洁面产品配方表

配方表（表3-5）第一位成分是油性溶剂——矿油，该产品为溶剂洁面产品。鲸蜡硬脂醇异壬酸酯、辛基十二醇和油醇芥酸酯为添加的溶剂和柔润剂。PEG-10异硬脂酸酯为非离子表面活性剂，作乳化剂，可在水洗时清洁残余油脂。生育酚作抗氧化剂防止成分被氧化。红没药醇作皮肤调理剂，起抗炎作用，减弱产品刺激性。

表 3-5　卸妆油配方成分示例

编号	成分	作用
1	矿油	溶剂、柔润剂
2	鲸蜡硬脂醇异壬酸酯	溶剂、柔润剂
3	辛基十二醇	溶剂、柔润剂
4	油醇芥酸酯	溶剂、柔润剂
5	PEG-10 异硬脂酸酯	乳化剂
6	生育酚	抗氧化剂
7	红没药醇	皮肤调理剂

【相关知识——洁面慕斯】

洁面慕斯是常见的洁面产品之一，也称洁面泡沫。洁面慕斯在包装瓶内，看上去是透明的液体，但是从泵口挤压出来以后，就变成了丰富细腻的泡沫。洁面慕斯含水量高，使用感觉轻薄，质感细腻柔软，在脸上的摩擦力小，清洁力也比较适中。

1.洁面慕斯配方组成

洁面慕斯的主要成分可以分为表面活性剂、保湿剂、皮肤调理剂和功效辅助添加剂四大部分。洁面慕斯的主要功能是清洗干净黏附于人体皮肤上的过量油脂、污垢、汗渍和人体分泌物等，保持皮肤的清洁卫生，这种功能主要依靠表面活性剂实现。

洁面慕斯配方中几种表面活性剂复配，构成其主要成分。

表面活性剂在清除皮肤污垢的同时带走皮脂，容易造成皮肤表面干燥和粗糙，为抵消这些副作用，有效保护皮肤免受伤害，在配方中必须添加调理剂成分和滋润保湿成分。

为了产品有比较好的外观、香味和颜色，能够长期保持稳定，不变质不失效，配方还加入功效辅助添加剂，如pH值调节剂、防腐剂、香精等。

（1）表面活性剂的选择

表面活性剂是洁面慕斯的主要成分，它利用自身的吸附、降低表面张力、渗透、乳化、增溶、分散等作用，赋予产品适当的脱脂力、去污力和丰富的泡沫。

洁面慕斯选择表面活性剂的原则是在去污力与保护皮肤之间寻求平衡。既要能够有效清除身体上的污垢，又不能过分脱去皮肤上的油脂，更不允许刺激皮肤和伤害皮肤组织。

洁面慕斯常用的表面活性剂有脂肪酰基氨基酸盐类（如椰油酰谷氨酸钠）、脂肪醇醚羧酸盐类（如月桂醇聚醚-4羧酸钠）、两性甜菜碱类（如椰油酰胺丙基甜菜碱）、咪唑啉类（如月桂酰两性基乙酸钠）和非离子类（如烷基糖苷）等。

（2）保湿剂的选择

可以选择可溶于水、沸点高的醇类物质，通过羟基形成氢键，锁住水分，例如甘油、丁二醇、山梨（糖）醇、多甘醇等，它们在洁面过程中吸附在皮肤表面，不容易随水冲走，保持皮肤的湿润。改性纤维素衍生物也是很好的保湿剂，而且在使用过程中具有类似香皂的润滑感觉。

（3）皮肤调理剂的选择

除保湿剂外，加入特色植物提取物等功效成分，不仅赋予皮肤调理性能，也赋予产品功效宣称，例如马齿苋（Portulaca oleracea L.）提取物。

（4）功效辅助添加剂的选择

人体皮肤的pH值呈弱酸性，pH值范围一般在5.5～6.5。因此洁面慕斯的pH值最好与此一致，刺激性会低一些。而且在此pH值下甜菜碱等两性表面活性剂显示阳离子特性，可以发挥杀菌和柔软功效。通常使用柠檬酸来调节pH值。

常用螯合剂EDTA二钠（乙二胺四乙酸二钠）螯合水中钙镁离子。防腐剂防止产品变质，例如苯氧乙醇和乙基己基甘油；香精赋予产品香气，提高产品使用感。

2.配方实例

洁面慕斯主要原料为表面活性剂（清洁剂、泡沫稳定剂等）、保湿剂、皮肤调理剂和功效辅助添加剂（增稠剂、防腐剂、螯合剂等），下面以一个洁面慕斯配方实例（表3-6）加以说明。

表3-6　洁面慕斯配方实例

组相	成分	作用
A	水	溶剂
	椰油酰基谷氨酸TEA盐	表面活性剂
	椰油酰胺丙基甜菜碱	辅助表面活性剂
	椰油酰两性基二乙酸二钠	辅助表面活性剂
	甘油	保湿剂
	丁二醇	保湿剂
	山梨（糖）醇	保湿剂
B	水解玉米淀粉	黏度调节剂
	柠檬酸	pH调节剂
	EDTA二钠	螯合剂
C	马齿苋提取物	皮肤调理剂
	1,2-己二醇	皮肤调理剂
	对羟基苯乙酮	抗氧化剂、皮肤调理剂
	乙基己基甘油	皮肤调理剂

椰油酰基谷氨酸TEA盐是谷氨酸系氨基酸表面活性剂，其特征是其水溶液pH值呈现弱酸性，刺激性极低，洁面后，肌肤有滋润感且不紧绷。谷氨酸系氨基酸表面活性剂泡沫没有甘氨酸体系丰富，但配合椰油酰胺丙基甜菜碱和椰油酰两性基二乙酸二钠一起使用，可以起到增泡、稳泡的作用。同时椰油酰胺丙基甜菜碱是温和的两性表面活性剂，可做一种有效的泡沫促进剂或稳定剂；椰油酰两性基二乙酸二钠是温和的两性表面活性剂，刺激性低，并可降低其他表面活性剂的刺激性。

马齿苋提取物在配方中是皮肤调理剂。它是天然植物提取物，富含具有广谱抑菌性的多糖和黄酮类化合物，对真菌、细菌有抑制作用，且具有很好的抗炎效果和对人体自由基有较强的清除作用。

水解玉米淀粉为高分子类增稠剂，可增稠氨基酸体系慕斯，从而使产品达到预期的流变效果。

此外，配方加入更温和的且具有防腐效果的1,2-己二醇、对羟基苯乙酮和乙基己基甘油来保证产品质量。

【课程资源包】

氨基酸表面活性剂

【想一想】 顾客皮肤干燥脱屑，怎么帮助顾客选择合适的洁面产品？

【敲重点】

1. 表面活性剂的定义与特点。
2. 氨基酸表面活性剂和皂基表面活性剂的区别。
3. 氨基酸表面活性剂洁面产品和皂基表面活性剂洁面产品的辨别方法。

第二节　保湿类化妆品核心成分及配方解读

一、保湿类化妆品核心成分

（一）人体保湿系统

人体皮肤的天然保湿系统（图3-4）主要由水、脂类及天然保湿因子（NMF）组成。

脂类主要指细胞间脂质和皮脂膜，主要作用是形成水屏障，防止水分丢失。大多数脂类是非极性物质，可以隔离水分，限制水分在细胞内外及细胞间随意流动。形成皮肤屏障的脂类有神经酰胺、胆固醇和游离脂肪酸。当各种原因导致脂类缺乏时，形成的水屏障作用减弱，经皮水分丢失增多，皮肤出现干燥脱屑的现象。

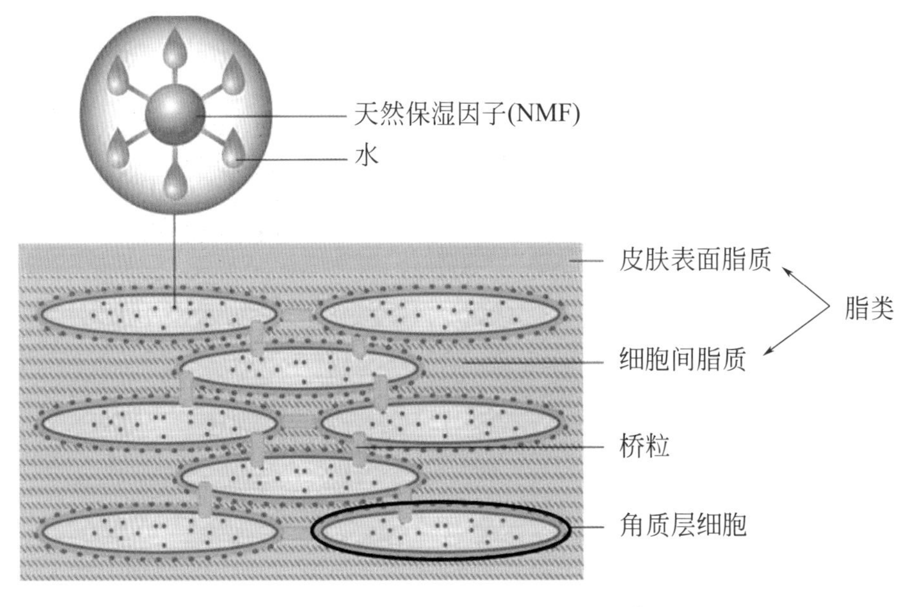

图 3-4　人体皮肤的天然保湿系统

人体皮肤有天然保湿因子，因此皮肤有吸湿能力和保湿能力。NMF在角质细胞中的存在形式，是与蛋白质结合形成络合物，因此角质细胞的脂类与蛋白质共同构成了保护NMF的细胞膜，阻止了NMF的流失，因而使角质层维持一定的含水量。如果角质层的完整性受到破坏，比如脂类被过度清洁等，将会导致NMF损失，皮肤自身的保湿效果也会下降。

（二）润肤剂

润肤剂按原料来源可分为三类：动植物来源、矿物来源和合成来源（表3-7）。动植物类油脂和蜡一方面通过形成疏水膜达到保湿效果，另一方面可以作用于皮肤角质层促进皮肤屏障功能的恢复。矿物类油脂和蜡是最常见的封闭剂，在皮肤表面形成一层油膜，减缓皮肤水分丢失。合成油脂和蜡是通过化学合成而得到的油脂。

表3-7 润肤剂按来源分类

分类	来源	特点	代表原料
动植物类油脂和蜡	动植物组织中得到的油脂和蜡	① 主要成分是脂肪酸的甘油酯，还有少量游离脂肪酸、高级醇、维生素、氨基酸、磷脂等，具有较好的润肤和调理皮肤的效果 ② 容易被氧化发生酸败变质	蜂蜡及其衍生物、小烛树蜡、牛油果树果脂、羊毛脂及其衍生物、霍霍巴籽油、橄榄油、杏仁油、小麦胚芽油、山茶油、鳄梨油、角鲨烷、各种动植物油溶性提取物等
矿物类油脂和蜡	主要来源于石油、煤的加工产物	① 主要成分是高级烃类，稳定性高，价格低廉，一般不易被皮肤吸收且不易清洗 ② 劣质矿物油脂长期使用会导致毛孔粗大、皮脂腺功能紊乱，引起毛囊炎和痤疮	微晶蜡、固体石蜡、凡士林（又名矿脂）、液体石蜡等
合成油脂和蜡	通过化学合成而得到的油脂和蜡	综合了动植物油脂和矿物油脂的优点，在各方面均具有更优良的性质	辛酸/癸酸甘油三酯（GTCC）、肉豆蔻酸异丙酯（IPM）、鲸蜡硬脂醇等

1.动植物类油脂和蜡

（1）橄榄油（olive oil）

橄榄油是淡黄色或黄绿色透明液体，有特殊香气，来源于油橄榄树成熟的果实。橄榄油不同于其他植物油脂，具有较低的碘值，当温度低于20℃时仍为液体状态。橄榄油渗透性好，富含维生素、矿物质和不饱和脂肪酸，适合干性及老化皮肤，缓和阳光晒伤，但因其含高比例不饱和脂肪酸，较容易被氧化。

（2）霍霍巴籽油［simmondsia chinensis（jojoba）seed oil］

霍霍巴籽油是无色透明、无味的油状液体，稳定性强，易与皮肤融合。霍霍巴籽油可以在皮肤表面形成一张膜，可以达到锁住水分并保湿的功能，同时还富含维生素

E和矿物质，具有抗氧化性，可以为皮肤提供足够的营养，增加皮肤的柔软性，适合各类皮肤。霍霍巴籽油稳定性好，又非常安全，不会产生粉刺。霍霍巴籽油还具有天然的保湿、修复作用，对头皮和头发出现的问题，也能有良好的作用。

（3）角鲨烷（squalane）

角鲨烷，是无色、无味、无臭、惰性的透明油状黏稠液体，由角鲨烯氢化而成，能与矿物油和其他动植物油混合。角鲨烷过去来源于鲨鱼肝脏，现在可从植物油脂中获得。角鲨烷比较轻薄，易涂抹，没有黏腻感，不厚重，肤感极佳。角鲨烷既可以在皮肤表层形成透气、透水的保护膜，也可以进入皮肤内部，补充细胞间脂质，滋养肌肤。角鲨烷渗透性、润滑性和透气性较其他油脂好，可与大多数化妆品原料匹配，但滋润度和锁水力中等。

（4）牛油果树果脂［butyrospermum parkii（shea）butter］

牛油果树果脂是灰白色软蜡状物质，主要成分是脂肪酸（棕榈酸、硬脂酸、油酸和亚油酸）和不皂化物（萜烯醇和植物固醇），较容易被氧化，需添加抗氧化剂。牛油果树果脂易被皮肤吸收，能增加皮肤柔软性，可用于处理干裂皮肤以及皮肤失调的恢复，也可用作防晒制品的辅助添加剂。

（5）羊毛脂（lanolin）

羊毛脂是浅黄色、油脂性蜡状物质，由羊毛清洗、脱色和除臭得到。熔化的羊毛脂是透明或几乎透明的黄色液体。羊毛脂与其约两倍量的水混合不分离，所形成的乳化剂易于贮藏。羊毛脂能润滑柔软皮肤，增加皮肤表面含水量，通过阻滞表皮水分传递的损失起到润湿作用。羊毛脂与非极性的烃类（如白矿油和凡士林）不同，烃类润肤剂无乳化能力且几乎不被角质层吸收，仅靠吸留作用润肤保湿。

（6）蜂蜡（beeswax）

蜂蜡是黄色至棕褐色的无定形蜡状固体，具有类似蜂蜜的香味，颜色随加工技术、蜂种等条件而不同，蜂蜡可与几乎所有其他蜡类和油类配合使用，融合后的物质，质量稳定，可以长期存放。蜂蜡所具有的营养物质，能使皮肤弹性更好，防止其硬化，使皮肤柔光润滑，这样能很好地减少皱纹的产生。

2.矿物类油脂和蜡

（1）矿油（mineral oil）

矿油是无色透明的黏性油状液体，加热时微带有石油气味，稳定性强，与大多数脂肪油能混溶。矿油在皮肤上容易铺展分散成膜，成为吸留性封闭的水分屏障膜，防止水分蒸发，起保湿作用，且保湿作用比植物油基产品时间长。缺点是对皮肤的渗透性差、油腻感较强，但当与酯类搭配使用时可改善矿油使用的油腻感。

（2）矿脂（petrolatum）

矿脂，又名凡士林，是白色或微黄色的均质膏状物，几乎无臭无味，是液体和固体石蜡烃类混合物。凡士林具有化学惰性强、亲油性好、黏附性好的特点。医药级凡士林几乎能与所有药物配伍而不会使药物发生变化，可作多种软膏的基质。凡士林可以在皮肤表面形成一层紧密地黏附皮肤的厚重油膜，极好地减缓皮肤水分丢失，常用于唇膏和护发素。但长期使用凡士林，因其封闭性过强，会导致皮肤新陈代谢失调。

（3）微晶蜡（microcrystalline wax）

微晶蜡是黄色或棕黄色的固体蜡，无臭无味无定形，可与温热的脂肪油互溶。微晶蜡与石蜡配合使用可以调节产品的熔点防止石蜡结晶。微晶蜡对油的亲和力强，可吸收较多油分，防止固融体渗油，稳定产品。主要应用于唇膏、棒状除臭剂和润滑剂，也可以与其他蜡类配合使用于膏霜乳液中。

3. 合成油脂和蜡

（1）辛酸/癸酸甘油三酯（caprylic/capric triglyceride）

辛酸/癸酸甘油三酯（GTCC）是透明至淡黄色的无味油脂，属棕榈油或椰子油的衍生物。辛酸/癸酸甘油三酯具有较高的清爽度和良好的铺展性，使皮肤具有滑而不腻的感觉，易被皮肤吸收。对化妆品的均匀细腻起到很好的作用，使皮肤润滑有光泽。

（2）鲸蜡硬脂醇（cetearyl alcohol）

鲸蜡硬脂醇是白色蜡状固体，带有轻微肥皂味，来自椰子、棕榈仁以及棕榈油加工而成的以十六醇和十八醇为主的混合脂肪醇。鲸蜡硬脂醇在化妆品中应用广泛，可用作助乳化剂、油相增稠剂、润滑剂等。鲸蜡硬脂醇与油脂、蜡配合使用可以辅助其乳化，保持产品的稠度和稳定性，且肤感与蜡相比，较为清爽和顺滑。

（3）（合成）神经酰胺（ceramide）

神经酰胺是人体角质层脂质的重要成分，占细胞间脂质45%～50%，在维持皮肤屏障功能方面起着十分重要的作用。天然神经酰胺主要来自动物大脑和脊髓，价格昂贵，现今可通过生物方法和在植物中得到神经酰胺。神经酰胺通过特殊处理后制成神经酰胺脂质体、神经酰胺包裹体等应用于化妆品中。神经酰胺不仅能帮助皮肤锁住水分，还能促进皮肤屏障自我修复及调控皮肤细胞，调节皮肤新陈代谢。

（三）保湿剂

保湿剂是化妆品中的常见成分，主要功能是维持皮肤角质层含水量在10%～20%范围内。常见保湿剂主要分为三类：多元醇类、多糖类和其他类。保湿剂具有较低的挥发性，吸留在皮肤表面，发挥吸湿保湿的重要功能。

1.多元醇

多元醇类保湿剂是一类可以大量工业化生产的保湿剂，其价格低、安全性很高，但保湿效果不稳定，较易受环境湿度影响，不能做到长时间的高效保湿。这类保湿剂的保湿原理，是利用结构中的羟基（—OH）与水形成氢键，以此抓住水分，起到保湿的作用。常见的多元醇类保湿剂有甘油、山梨（糖）醇、1,3-丁二醇和丙二醇等。

（1）甘油（glycerin）

甘油，也叫丙三醇，是无色、无臭、味甜、透明的浓稠液体，与水可无限混溶，具有良好吸湿性，是化妆品中最常用的保湿剂之一。需要注意的是高浓度甘油有刺激性，会使细胞壁破裂。当环境相对湿度低时，甘油会从皮肤中吸收水分，导致皮肤干燥甚至皲裂。甘油虽然有良好的即时保湿效果，但不能改善皮肤屏障功能和减缓皮肤水分丢失，没有长效保湿效果。

（2）山梨（糖）醇（sorbitol）

山梨（糖）醇是无色、无臭的白色针状结晶，味凉而甜。吸湿性比甘油缓和。山梨（糖）醇可与其他保湿剂搭配，得到更好的协调效果，软化皮肤，减缓水分蒸发。山梨（糖）醇可以从梨、桃、苹果等各种植物果实中提取得到，但是量少，工业上主要使用高温高压氢化法，蔗糖水解氢化制得，还可以通过发酵法和电化学法生产。不同浓度的山梨（糖）醇溶液，均不刺激皮肤或口腔黏膜，它是牙膏或婴幼儿产品理想的保湿剂。

（3）1,3-丁二醇（butylene glycol）

1,3-丁二醇是无臭、略有苦甜味、无色透明的黏稠液体，1,3-丁二醇有吸湿性，同时还有一定的抗菌作用，但与甘油不同，其有顺滑的感觉。在化妆品中主要作为保湿剂，具有丙二醇和甘油的优点，用于化妆水、膏霜、乳液、牙膏中，还可作为溶解精油和染料的溶剂。它对皮肤和眼睛无刺激作用，对口腔黏膜也无刺激性，安全性高。

（4）丙二醇（propylene glycol）

丙二醇是无色透明的、无臭的黏稠液体，比甘油的黏度低，使用感好。主要作为乳化产品和各种液体产品的保湿剂，还可作为染料和精油的溶剂，与甘油和山梨（糖）

醇复配可作为牙膏的柔软剂和保湿剂。15%的丙二醇有防霉作用，8%的丙二醇可增加羟基苯甲酸甲酯在含乙氧基的非离子表面活性剂中的防腐作用。

2. 多糖类

（1）透明质酸钠（sodium hyaluronate）

透明质酸钠，又称玻璃酸钠，是无特殊异味的白色固体，溶于水，不溶于醇、酮、乙醚等有机溶剂。透明质酸钠是目前发现的保湿性非常好的天然物质，可吸收自重1000倍的水分，被称为理想的天然保湿剂。化妆品中常用的透明质酸钠是高分子量透明质酸和中分子量透明质酸，不能被皮肤吸收，只在皮肤表面形成一层透气的吸水薄膜，锁住水分，减缓水分蒸发，保湿持久性较强。当环境十分干燥时，透明质酸钠不会从皮肤里吸水。透明质酸钠具有很强的润滑感和成膜性，化妆品中添加量为0.05%～0.5%，可使水相增稠，使膏体质地均匀细腻，肤感良好。

（2）β-葡聚糖（β-glucan）

β-葡聚糖是一种多糖，为淡黄色透明无味的黏稠液体。因为从燕麦中提取的β-葡聚糖的活性与酵母发酵获得的β-葡聚糖的活性差异极大，燕麦β-葡聚糖的活性高出近两倍，所以主要介绍燕麦β-葡聚糖。燕麦β-葡聚糖具有很好的亲水力，可以保持基质间的大量水分，因其优良的保湿性能，被广泛用于各种保湿类产品、防晒和晒后护理产品、抗衰老及抗皱产品、眼霜等，可显著增加产品对皮肤的保湿性，长期使用也不用担心伤害皮肤，因为它对皮肤无刺激性作用，也不遏制皮肤的正常生理功能，并能保护、美化皮肤。

3. 其他

（1）吡咯烷酮羧酸钠（sodium PCA）

吡咯烷酮羧酸钠是透明无色、无臭、略带咸味的液体，易溶于水，其pH值为6.8～7.4，能使水分与细胞结合，有强吸湿性，其吸湿能力远强于多元醇，与透明质酸相当。如果角质层中吡咯烷酮羧酸钠含量减少，皮肤会变得干燥、粗糙。在相同的湿度和浓度下，吡咯烷酮羧酸钠的黏度远低于其他保湿剂，没有甘油的黏稠厚重感。吡咯烷酮羧酸钠安全性高，几乎不刺激皮肤及眼黏膜。

（2）乳酸和乳酸钠（lactic acid and sodium lactate）

L-乳酸是人体皮肤固有的天然保湿因子中主要的水溶性酸，也是自然界中广泛存在的有机酸，是厌氧生物新陈代谢的最终产物，完全无毒。乳酸是无色液体，几乎无臭或略有脂肪酸臭，可与水、乙醇和甘油混溶，对光和低温稳定，具有很强的吸湿性。化妆品中一般添加乳酸钠作为皮肤调理剂、柔润剂、pH调节剂。

（3）尿素（urea）

尿素是皮肤新陈代谢的产物，能软化皮肤，具有与甘油类似的保湿效果，安全无刺激，不仅有极佳的亲肤性、保湿性，还能维持角质细胞的正常运作。

（4）泛醇（panthenol）

泛醇也称为维生素原B_5，是无色、稍有特异气味的黏稠液体，溶于水和乙醇等，不溶于油脂。因为是小分子物质，可以浸润角质层，也较易渗透入头发、皮肤和指甲内，起到保湿作用。此外，因为维生素原B_5还可促进纤维芽细胞的增生，所以可以协助修复皮肤组织，具有明显的护肤功效。

【相关知识——其他润肤剂】

1. 月见草油

月见草油是从成熟的月见草籽中提取的，月见草油中除含有棕榈酸、油酸、硬脂酸以外，还含有约70%的亚油酸，其中的γ-亚麻酸是人体所需的多不饱和脂肪酸之一。与亚油酸相比，γ-亚麻酸更有利于角质的修复，能够增强角质层的保湿能力，且保证表皮平滑有光泽。同时月见草富含多种微量元素，这些微量元素具有重要的生理活性和特别的营养作用，同时也在免疫、遗传、延缓衰老、防治疾病等方面起作用，月见草油被认为是非常有价值的保养用油。

2. 杏仁油

杏仁油呈淡黄色，其含有的不饱和脂肪酸约占总脂肪酸的90%，此外也含有丰富的维生素A、维生素E。杏仁油与小麦胚芽油使用价值类似，能够增加皮肤的滋润度，同时还能清洁皮肤，其还具有极好的亲肤感，可以在皮肤表面形成薄膜，减缓皮肤水分流失，并且也极易被皮肤吸收，使皮肤具有光泽和光彩感。

3. 蛋黄油

蛋黄油是从新鲜鸡蛋中提取的油脂，呈黄色或者淡黄色，含脂肪油62.3%，磷脂32.8%，其他成分4.9%，其他成分包括卵磷脂、维生素A、维生素D、维生素E等。这些物质对皮肤的修护和代谢有重要的作用，蛋黄油对轻度烫伤也有很好的恢复效果。

4. 澳洲坚果籽油

澳洲坚果籽油富含矿物质、蛋白质、70%以上的不饱和脂肪酸等皮肤保护层必备的营养成分，是一些面霜和防晒霜偏好的成分，因为它具有强大的抗氧化稳定性和抗酸败能力，且澳洲坚果籽油油性温和，不刺激皮肤，具有愈合晒伤、轻微伤口以及缓解过敏症状的功效。澳洲坚果籽油是植物油中和皮脂的组成成分最接近的油之一，因此对皮肤的渗透性佳，涂抹到肌肤上吸收非常迅速，能快速形成皮肤保护膜，加倍滋润，使肌肤柔软有活力。

5. 葡萄籽油

葡萄籽油中包含丰富的不饱和脂肪酸，主要成分是油酸和亚油酸，其中亚油酸的含量高达72% ～ 76%。亚油酸是人体的必需脂肪酸，易于被皮肤吸收。亚油酸可以抵抗自由基，抗氧化老化，帮助人体吸收维生素C和维生素E，增强循环系统的弹性，降低紫外线的伤害，保护皮肤中的胶原蛋白，预防黑素沉淀、皮肤暗沉。同时葡萄籽油也富含维生素E和原花色素，维生素E具有较强的抗氧化性，原花色素可以保护血管弹性，抵抗紫外线，预防胶原纤维和弹性纤维的损坏，让皮肤保持应有的弹性张力，减缓皮肤松弛下垂及产生皱纹。葡萄籽油的渗透力强，又清爽，极易被皮肤吸收，适合任何肤质使用。

二、保湿类化妆品配方解读

根据保湿类化妆品的剂型及配方表能大致判断其保湿效果。一般情况下，化妆品各剂型的保湿性能排序如下：膏霜＞乳液＞凝胶＞化妆水。

1. 保湿体系

保湿体系指化妆品中所有保湿剂按一定比例复配构建的体系。

2. 保湿类化妆品配方成分示例

（1）保湿化妆水产品配方表

化妆水保湿效果有限（表3-8）。产品中除了水，其他成分添加量低。甘油、1,3-丁二醇、泛醇和PCA钠是保湿剂。保湿剂种类单一，添加量少，产品只有即时保湿效果，不能长久保湿。

表 3-8　保湿化妆水配方成分示例

编号	成分	作用
1	水	溶剂
2	甘油	保湿剂
3	1,3- 丁二醇	保湿剂
4	聚甘油 -3 月桂酸酯	乳化剂
5	泛醇	保湿剂
6	PCA 钠	保湿剂
7	黄原胶	增稠剂
8	苯氧乙醇（微量）	防腐剂

（2）保湿凝胶产品配方表

凝胶保湿效果优于化妆水，但缺乏滋润性（表3-9）。此产品保湿成分主要为芦荟提取物、海藻提取物。卡波U20和角豆胶是增稠剂，三乙醇胺可以调节卡波U20的黏度，添加角豆胶可以减少卡波U20的使用。芦荟提取物和海藻提取物富含多糖，为保湿剂。保湿体系中的保湿种类相对单一，缺少滋润皮肤的油脂。苯氧乙醇为防腐剂。

表 3-9　芦荟胶配方成分示例

编号	成分	作用
1	水	溶剂
2	芦荟提取物	保湿剂
3	海藻提取物	保湿剂
4	卡波 U20	增稠剂
5	三乙醇胺	pH 调节剂
6	苯氧乙醇（微量）	防腐剂
7	角豆胶（微量）	增稠剂
8	香精（微量）	香精

（3）保湿乳液产品配方表

保湿乳液的保湿效果优于保湿凝胶（表3-10）。肉豆蔻酸异丙酯、角鲨烷、辛酸/癸酸甘油三酯和鲸蜡硬脂醇为润肤剂。β-葡聚糖、透明质酸为多糖类保湿剂。甘油、

1,3-丁二醇、1,2-己二醇为多元醇类保湿剂。所有保湿剂构成良好的保湿体系。乳液为驻留类产品，在皮肤上停留时间长。对羟基苯乙酮和1,2-己二醇配合使用可起到高安全性的防腐作用，为常用防腐体系。

表 3-10 保湿乳液配方成分示例

编号	成分	作用
1	水	溶剂
2	肉豆蔻酸异丙酯	润肤剂
3	甘油	保湿剂
4	角鲨烷	润肤剂
5	辛酸 / 癸酸甘油三酯	润肤剂
6	1,3-丁二醇	保湿剂
7	蔗糖硬脂酸酯 / 鲸蜡硬脂基葡糖苷 / 鲸蜡醇	乳化剂
8	1,2-己二醇	溶剂、保湿剂
9	β-葡聚糖	保湿剂
10	鲸蜡硬脂醇	润肤剂
11	甘油硬脂酸酯	乳化剂、润肤剂
12	透明质酸	保湿剂
13	对羟基苯乙酮	抗氧化剂
14	黄原胶	增稠剂
15	EDTA 二钠（微量）	螯合剂

（4）保湿霜产品配方表

保湿霜的保湿效果优于保湿乳液（表3-11）。鲸蜡硬脂醇的含量增加，使产品的流动性下降，封闭性和保湿持久性增强，保湿效果更好。保湿霜配方中的其他成分含量与表3-10保湿乳液配方相比变化不大。

表 3-11 保湿霜配方成分示例

编号	成分	作用
1	水	溶剂
2	肉豆蔻酸异丙酯	润肤剂
3	甘油	保湿剂

续表

编号	成分	作用
4	角鲨烷	润肤剂
5	鲸蜡硬脂醇	润肤剂
6	1,3- 丁二醇	保湿剂
7	蔗糖硬脂酸酯 / 鲸蜡硬脂基葡糖苷 / 鲸蜡醇	乳化剂
8	1,2- 己二醇	溶剂、保湿剂
9	β- 葡聚糖	保湿剂
10	甘油硬脂酸酯	乳化剂、润肤剂
11	透明质酸	保湿剂
12	对羟基苯乙酮	抗氧化剂
13	卡波姆	增稠剂
14	三乙醇胺	pH 调节剂
15	EDTA 二钠（微量）	螯合剂

（5）保养护肤油产品配方表

保养护肤油（表3-12）主要通过使用润肤剂进行对皮肤的保湿，辛酸/癸酸甘油三酯、角鲨烷、PMX200和霍霍巴籽油是其基础油脂，起保湿和柔润皮肤的作用；牡丹籽油、葡萄籽油和向日葵籽油是其功效油脂，起抗氧化、延缓肌肤衰老等功能性作用。将基础油脂和功效油脂配合使用，达到以油养肤的效果。

表 3-12　保养护肤油的配方成分示例

编号	原料	结构成分
1	霍霍巴籽油	基础油脂
2	角鲨烷	
3	PMX200	
4	辛酸 / 癸酸甘油三酯	
5	牡丹籽油	功效油脂
6	葡萄籽油	
7	肉豆蔻酸异丙酯	
8	向日葵籽油	
9	维生素 E	
10	2,6- 二叔丁基对甲酚	抗氧化剂

【想一想】 当顾客有保湿诉求时，怎么帮助顾客选择合适的保湿类化妆品？

【敲重点】 1. 保湿剂的分类、作用机理和特点。
2. 良好保湿体系的特点。
3. 根据不同剂型和保湿体系判断保湿类化妆品保湿效果的方法。

第三节 防护类化妆品核心成分及配方解读

防护类化妆品中的功能成分是防晒剂。各国都严格控制防晒剂的使用，比如美国将防晒剂纳入OTC药物标准进行管理。虽然各大公司研发出很多种类的防晒剂，但被批准使用的防晒剂类别有限。现今，美国食品与药物管理局（FDA）批准了17种防晒剂，欧盟批准了29种，我国批准了28种。

一、防护类化妆品核心成分

防晒剂是指利用光的吸收、反射或散射作用，以保护皮肤免受特定紫外线所带来的伤害或保护产品本身而在化妆品中加入的物质，按成分可分为无机防晒剂、有机防晒剂（图3-5）。天然来源防晒增效物质也可以达到防晒的效果。

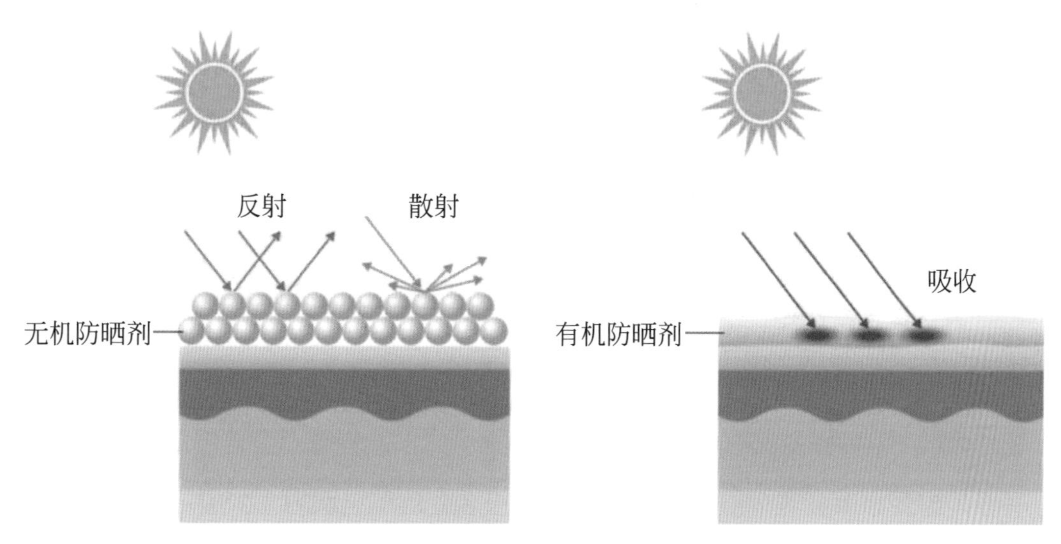

图3-5 无机防晒剂和有机防晒剂的防晒原理

1.无机防晒剂

无机防晒剂，又称物理防晒剂、紫外线屏蔽剂，通过反射及散射紫外线对皮肤起保护作用，主要成分为无机矿物质。无机防晒剂通常是一些不溶性颗粒，如二氧化钛、氧化锌、云母、黏土等。其中二氧化钛和氧化锌被我国列为批准使用的防晒剂，最高添加量为25%。这类防晒剂安全性高、稳定性好，不易发生光毒反应或光变态反应，不会渗入角质层。

（1）二氧化钛（TiO_2）

二氧化钛是白色无气味细粒状粉末，不溶于水和有机溶剂，经表面处理后可具有亲水性或亲油性，能很好地分散于不同的基质中。二氧化钛是广谱防晒剂，主要吸收波长280～350nm紫外线，以抵御UVB（紫外线B［段］）辐射为主。二氧化钛安全无毒、无刺激性、无致敏性、化学性质稳定、紫外线屏蔽效率高。

（2）氧化锌（ZnO）

氧化锌是白色无气味粉末，不溶于水和有机溶剂，可溶于稀酸，经表面处理后可具有亲水性或亲油性，能很好地分散于不同的基质中。氧化锌是广谱防晒剂，主要吸收波长280～390nm紫外线，抵御UVA（紫外线A［段］）和UVB辐射。氧化锌还是常用于治疗痤疮的成分，皮肤缺锌易导致痤疮。

无机防晒剂颗粒的直径直接影响紫外线屏蔽作用。市面上常见的两种级别分别是大颗粒的颜料级别（＞250nm）和小颗粒的超细级别（＜100nm）。颜料级别的无机防晒剂涂在皮肤上泛白，容易脱落，具有增白效果的防护产品中往往都含有此级别的防晒剂。超细级别的无机防晒剂的紫外线防护效果更好，透明性更好。

2.有机防晒剂

有机防晒剂，又称化学防晒剂、紫外线吸收剂，可选择性吸收紫外线，将吸收的能量转化为热能释放。吸收UVB的防晒剂主要有水杨酸盐及其衍生物、肉桂酸酯类等。吸收UVA的主要有甲烷衍生物等，对两者兼可吸收的有二苯酮类及其衍生物。有机防晒剂质地轻薄，透明性好。传统的有机防晒剂光稳定性不如无机防晒剂，易透皮吸收，有一定致敏性，可能会导致接触致敏或光致敏。近年来，大量新型有机防晒剂上市，这些防晒剂克服了传统有机防晒剂的缺点，通过异构化、微粒化等方式显著提高了防晒剂的溶解性和光稳定性，且不易透皮吸收，安全有效，备受市场青睐。

有机防晒剂会衰变，防晒效果一般持续4h左右，所以添加有机防晒剂的防晒霜，每隔一定时间就需要补涂。此外，部分有机防晒剂光安全性不如无机防晒剂。有机防晒剂的防晒能力大多强于无机防晒剂，肤感较好，目前市面上防护类化妆品大多添加有机防晒剂（表3-13）。

表3-13　无机防晒剂和有机防晒剂的区别

分类	持续时间	安全性	防晒能力
无机防晒剂	长	高	弱
有机防晒剂	短	低	强

3. 天然来源防晒增效物质

目前有一些天然来源防晒增效物质，具有和防晒剂相似的结构，可以吸收紫外线，这类物质添加到防护类产品中，可以减少化学防晒剂的添加量；有部分具有成膜作用，可以提升防晒剂在皮肤上的停留时间，发挥防晒增效作用；有部分能修护UVA/UVB对细胞的伤害，修护改善日晒引起的色斑，修护作用的原理是其含有的活性物质可以清除或减少由紫外线辐射产生的氧自由基，阻断或减缓氧自由基导致的组织损伤并且还能促进晒后修复。但是，在《化妆品安全技术规范》（2022版）征求意见稿的化妆品准用防晒剂目录中，天然来源防晒增效物质尚未被收录。

【相关知识——常见有机防晒剂】

1. 水杨酸酯类

水杨酸酯类主要吸收UVB，是使用较早的一类紫外线吸收剂。它本身对紫外线吸收能力很弱，但在吸收一定能量后，由于发生分子重排，形成了防紫外线能力强的二苯甲酮结构，从而产生较强的光稳定作用。水杨酸酯类对皮肤相对安全，而且在产品体系中复配性好，具有稳定、润滑、不溶于水等特点，水溶性的水杨酸盐类对于皮肤的亲和性较好，对防晒产品的防晒指数SPF具有增强作用，并可用于发用防晒产品中。

2. 二苯酮类化合物

二苯酮类防晒剂既能吸收UVA，也能吸收UVB，是一类广谱型紫外线吸收剂，但吸收率较低。这类防晒剂具有很好的热和光稳定性，与皮肤和黏膜有良好的亲和性，不会发生光敏反应。二苯酮类防晒剂易发生氧化反应，故在配方中必须加入抗氧化剂一起使用。总的来说，二苯酮类及其衍生物由于吸收紫外线光谱宽，这类防晒剂在国内外均为常用防晒剂。

二苯酮类紫外线吸收剂在产品中的应用方面还存在一些问题。第一，二苯酮类是芳香酮类，产生的副产物无法在体内新陈代谢；第二，二苯酮类在化妆品中比较难以处理和增溶；第三，虽然二苯酮类具有UVA的吸收能力，但是较弱，特别是在不同的溶剂中表现出不同的吸收能力，在产品配伍方面要求较高；第四，二苯酮类会干扰人体内分泌，因此一般只是作为辅助防晒剂使用。

二苯酮衍生物羟苯甲酮，一般会考虑到光毒性的问题而在含有羟苯甲酮的产品外包装上标注提醒用语。

3. 苯并三唑类

苯并三唑类紫外线吸收剂既能吸收UVA，也能吸收UVB，优点是吸收效率高、稳定性好。目前苯并三唑类紫外线吸收剂在市场上产量较大、使用较多，成为有机防晒剂的重要品种之一。

4. 三嗪类

三嗪类紫外线吸收剂具有高效率（添加量少且效果佳）、低色泽（使其应用面更广）、高加工温度、较好的相容性（分散性好，且分子本身容易进行化学修饰）及优异的广谱性（在UVA及UVB的紫外线范围内具有较高的摩尔吸光系数）等优点。

5. 肉桂酸酯类

肉桂酸酯类紫外线吸收剂主要吸收UVB，且吸收率高，因此应用比较广泛。对甲氧基肉桂酸辛酯和4-甲氧基肉桂酸-2-乙基己酯是目前世界上常用的吸收剂。甲氧基肉桂酸辛酯不溶于水，列入美国Ⅰ类可安全使用的防晒剂，最高用量10%。4-甲氧基肉桂酸-2-乙基己酯会在紫外线照射下发生加成反应，与丁基甲氧基二苯甲酰基甲烷复配也会发生不可逆的环化加成反应，导致两者防护UVA能力大幅减弱。

6. 甲烷衍生物

甲烷衍生物类紫外线吸收剂具有高效的UVA紫外线吸收能力，适合制备高SPF值的防晒剂。这类防晒剂为微黄色晶粒，具有香气。主要功能为防晒黑，防晒系数SPF值与其用量有递增关系，SPF值可达9～10。主要成分有4-异丙基苯甲酰甲烷、4-叔丁基-4-甲氨基苯甲酰甲烷。

常见有机防晒剂如表3-14所示。

表3-14 常见有机防晒剂

编号	名称	吸收波段	溶解性	法规限用量
1	甲氧基肉桂酸乙基己酯	UVB	油溶	10%
2	奥克立林	UVB	油溶	10%
3	水杨酸乙基己酯	UVB	油溶	5%
4	乙基己基三嗪酮	UVB	油溶	5%
5	聚硅氧烷-15	UVB	油溶	10%
6	胡莫柳酯	UVB	油溶	10%
7	丁基甲氧基二苯甲酰基甲烷	UVA	油溶	5%
8	二乙氨羟苯甲酰基苯甲酸己酯	UVA	油溶	10%
9	双-乙基己氧苯酚甲氧苯基三嗪	UVA+UVB	油溶	10%
10	亚甲基双-苯并三唑基四甲基丁基酚	UVA+UVB	水溶	10%

二、防护类化妆品配方解读

使用防护类化妆品需关注三个方面：防晒效果、防水性和配方。防晒效果可参考SPF和PA值。判断产品防水性有两个参考方法：一是查看产品宣称，二是向涂抹产品的地方喷水。不具有防水效果的产品在接触水后产生白色乳化水珠。防水防护类产品需卸妆，不适用于敏感皮肤等问题性皮肤。从配方中的成分可以判断防护类化妆品是否属于物理防护产品。

1.物理防护产品

物理防护产品所添加的防晒剂一般都是无机防晒剂，相比于其他防护类化妆品，物理防护产品的安全性更高。

2.防护类化妆品配方成分示例

（1）防晒粉饼产品配方表

二氧化钛和氧化锌均为无机防晒剂，并且无有机防晒剂，该产品是物理防护产品（表3-15）。

表 3-15　纯物理防护粉饼配方成分示例

编号	成分	作用
1	硅石	填充剂
2	氧化锌	无机防晒剂
3	云母	填充剂
4	二氧化钛	无机防晒剂
5	碳酸镁 / 碳酸钙	吸附剂
6	硬脂酸镁	肤感调节剂
7	水	溶剂
8	甘油	保湿剂
9	阿拉伯胶树胶（微量）	胶合剂

（2）防晒霜产品配方表

产品中的二氧化钛是无机防晒剂（表3-16），双-乙基己氧苯酚甲氧苯基三嗪、乙基己基三嗪酮和二乙氨羟苯甲酰基苯甲酸己酯是有机防晒剂，该产品是物理化学防护产品。

表 3-16　防晒霜配方成分示例

编号	成分	作用
1	水	溶剂
2	甘油	保湿剂
3	环五聚二甲基硅氧烷	润肤剂
4	双 - 乙基己氧苯酚甲氧苯基三嗪	防晒剂
5	乙基己基三嗪酮	防晒剂
6	二乙氨羟苯甲酰基苯甲酸己酯	防晒剂
7	聚二甲基硅氧烷	润肤剂
8	二氧化钛	防晒剂
9	辛酸 / 癸酸甘油酯	润肤剂
10	甘油硬脂酸酯 /PEG-100 硬脂酸酯	乳化剂
11	1,2- 己二醇	保湿剂
12	丙烯酸羟乙酯 / 丙烯酰二甲基牛磺酸钠共聚物（和）角鲨烷（和）聚山梨醇酯 -60	增稠剂

续表

编号	成分	作用
13	PPG-12 聚二甲基硅氧烷	润肤剂
14	聚甘油 -10 月桂酸酯	乳化剂
15	对羟基苯乙酮	抗氧化剂
16	生育酚乙酸酯	抗氧化剂
17	甘草酸二钾	抗敏剂
18	黄原胶	增稠剂
19	透明质酸钠（微量）	保湿剂

【课程资源包】

化妆品包装特征及质量保证

【想一想】 怎么帮助顾客选择适合的防护类化妆品？

【敲重点】 1. 无机防晒剂与有机防晒剂的区别。
2. 物理防护产品的特点。

【本章小结】

本章主要讲解了基础化妆品的核心成分和配方解读，帮助皮肤管理师具备基础的配方解读能力和为顾客提供基础化妆品成分和配方咨询的能力。

【职业技能训练题目】

一、填空题

1. 表面活性剂，简称为表活，是指能使目标溶液表面张力显著下降的物质，其分子一般由（　）和（　）两部分组成，可以使水油互溶。

2. 常见保湿剂主要分为三类：（　）、（　）和其他类。

3. 无机防晒剂，又称物理防晒剂、紫外线屏蔽剂，通过（　）及（　）紫外线对皮肤起保护作用，主要成分为无机矿物质。

二、单选题

1. 洁面产品配方表中依次是硬脂酸、三乙醇胺和椰油酰谷氨酸TEA盐，则该产品主要表面活性剂是（　）。

A. 椰油酰谷氨酸TEA盐　　B. 硬脂酸

C. 三乙醇胺　　D. 硬脂酸TEA盐

2. 一般情况下，化妆品各剂型的保湿性能排序为（　）。

A. 膏霜＞乳液＞凝胶＞化妆水

B. 膏霜＞凝胶＞乳液＞化妆水

C. 膏霜＜凝胶＜乳液＜化妆水

D. 凝胶＜化妆水＜膏霜＜乳液

3. 人体皮肤的天然保湿系统主要组成不包括（　）。

A. 水　　B. 脂类

C. 生物活性物质　　D. 天然保湿因子

4. 相比于化学防护产品，物理防护产品主要具有（　）特点。

A. 防晒能力更强　　B. 安全性更高

C. 价格更贵　　D. 防水性更强

5. 与有机防晒剂相比，无机防晒剂具有（　）特点。

A. 刺激性小，安全性高　　B. 会衰变，需要补涂

C. 防晒能力更强　　D. 持续时间短

三、多选题

1. 常见氨基酸表面活性剂的主要特点是（　）。

A. 损伤角质层　　B. 安全性高

C. 刺激性小　　D. 水溶液呈弱碱性

E. 泡沫少

2. 下列成分中，（　）是氨基酸表面活性剂。

A. 椰油酰谷氨酸钾　　B. 月桂醇聚氧乙烯醚硫酸钠

C. 月桂酰肌氨酸钠　　D. 椰油酰胺丙基酸钾

E. 椰油酰甲基牛磺酸钠

3. 人体皮肤的天然保湿系统主要由（　）组成。

A. 水　　B. 脂类

C. 天然保湿因子（NMF）　　D. 皮肤表面常驻菌群

E. 生物碱

4. 下列成分中，（　）是多元醇类保湿剂。

A. 甘油　　B. 凡士林

C. 维生素C　　D. 神经酰胺

E. 1,3- 丁二醇

5. 下列产品中更适合痤疮皮肤顾客的是（　）。

A. 皂基表面活性剂洗面奶　　B. 氨基酸表面活性剂洁面慕斯

C. 纯物理防护粉饼　　D. 高SPF和PA值的防晒霜

E. 防水防晒霜

四、简答题

1. 简述无机防晒剂和有机防晒剂的区别。

2. 简述氨基酸表面活性剂的特点。

实践模块

- 第四章　美容常见问题性皮肤——痤疮皮肤
- 第五章　美容常见问题性皮肤——色斑皮肤
- 第六章　美容常见问题性皮肤——敏感皮肤
- 第七章　美容常见问题性皮肤——老化皮肤

第四章 美容常见问题性皮肤——痤疮皮肤

【知识目标】

1. 熟悉痤疮皮肤居家管理和院护管理的注意事项。
2. 掌握痤疮皮肤的成因、表现及鉴别诊断。
3. 掌握痤疮皮肤居家产品及院护产品的选择原则。
4. 掌握痤疮皮肤行为干预及院护基本操作流程。
5. 掌握痤疮皮肤管理方案的内容和制定方法。

【技能目标】

1. 具备准确辨识痤疮皮肤，及对顾客的行为因素进行分析的能力。
2. 具备正确指导痤疮皮肤顾客进行居家管理的能力。
3. 具备熟练完成痤疮皮肤院护管理的能力。
4. 具备制定痤疮皮肤管理方案的能力。

【思政目标】

1. 增强辩证思维能力，提高驾驭复杂局面、处理复杂问题的本领。
2. 培育敬业、精益、专注、创新的工匠精神。

【思维导图】

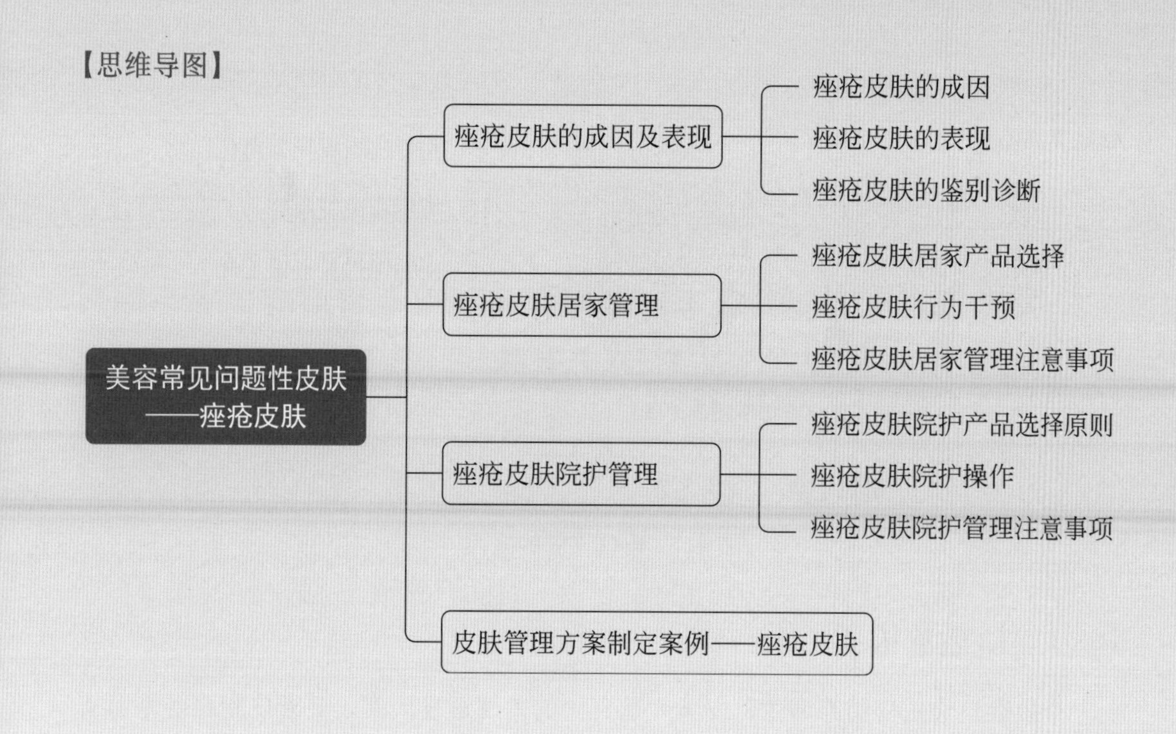

痤疮是毛囊皮脂腺单位的慢性炎症性皮肤病，主要累及面部、背部、胸部等皮脂腺较密集的部位。痤疮可见于各年龄段的人群，青少年尤为多见。

第一节 痤疮皮肤的成因及表现

一、痤疮皮肤的成因

痤疮皮肤的形成主要与遗传和雄激素诱导的皮脂腺过量分泌皮脂、毛囊皮脂腺导管角化异常、痤疮丙酸杆菌等微生物大量增殖、炎症和免疫反应等因素有关（见图4-1），部分顾客的痤疮形成还可能与饮食、情绪等因素的影响有关。

（一）遗传因素

遗传因素对痤疮的形成起重要作用，尤其是重度痤疮皮肤。痤疮发生的各个相关因素，如皮脂分泌异常、角化异常、皮肤菌群生态等，都可能有遗传背景。

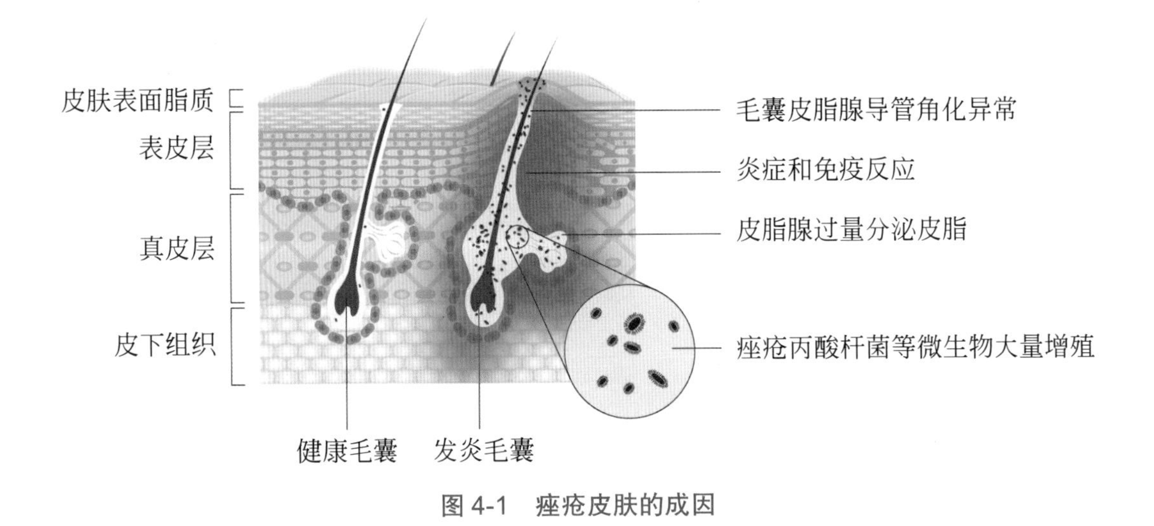

图 4-1　痤疮皮肤的成因

（二）激素因素

雄激素是导致皮脂腺增生、皮脂大量分泌的主要诱发因素。毛囊皮脂腺受性激素调控，青春期开始，体内雄激素水平升高或雄激素与雌激素水平失衡导致皮脂腺增大和皮脂分泌增多。女性痤疮皮肤，皮损常在经期前加重，可能是因为多种性激素水平变化，导致皮脂分泌异常和对炎症的抑制作用下降。

除雄激素外，胰岛素样生长因子-1（IGF-1）、胰岛素、生长激素等也可能与痤疮皮肤的形成有关。激素对痤疮皮肤形成的影响，除调控皮脂分泌外，还与角化异常、炎症反应有关。如胰岛素样生长因子-1（IGF-1）可通过升高雄激素水平等多种途径促进皮脂腺增生、脂质合成分泌；参与毛囊皮脂腺导管角化异常；刺激皮脂腺细胞产生炎症因子，诱发毛囊皮脂腺炎症。

（三）皮脂异常（分泌过量或成分改变）

皮脂腺大量分泌皮脂，改变毛囊周围的微环境，是痤疮发生的前提条件。痤疮皮肤多伴有皮肤油腻、粗糙等。毛囊皮脂腺内的微生物可分解皮脂，大量皮脂被分解产生的过量游离脂肪酸，刺激毛囊皮脂腺导管的角质形成细胞，使其增殖和角化过度；还会刺激诱发毛囊皮脂腺炎症。

除皮脂量的增多外，皮脂成分的改变、皮肤表面的皮脂氧化与抗氧化比率的变化等也是促使痤疮皮肤形成的重要因素。皮脂成分包括甘油三酯、甘油二酯、胆固醇、蜡酯、角鲨烯等。如饱和与不饱和脂肪酸的比例变化，蜡酯、游离脂肪酸含量增多，都可能引起炎症因子的释放，促使痤疮皮肤的形成。

（四）毛囊皮脂腺导管角化异常

皮脂的变化和炎症因子均能引起毛囊皮脂腺导管角化异常，毛囊漏斗部角质细胞粘连性增加、角质堆积，形成角质栓阻碍皮脂排出，即肉眼不可见的微粉刺；微粉刺堵塞了皮脂腺导管开口，导致皮脂排泄不畅，淤积于毛囊内，与堆积的角质共同形成皮脂栓，即形成粉刺。粉刺是角化细胞、微生物、皮脂的混合物。毛囊皮脂腺导管角化异常是痤疮的主要病理特征之一。

（五）微生物大量增殖

毛囊皮脂腺内有常驻的正常菌群，如痤疮丙酸杆菌，一般不会引起皮损。当皮脂大量分泌、毛囊皮脂腺导管角化异常时，皮脂排出不畅，淤积的皮脂造成毛囊内厌氧环境，导致厌氧又嗜脂的痤疮丙酸杆菌大量增殖，先后激活天然免疫和获得性免疫，促使炎症因子释放，参与痤疮的发生发展。

除了与痤疮发生发展关系最密切的痤疮丙酸杆菌外，皮脂的过多分泌、皮脂排泄不畅和皮肤防御功能减弱也会导致其他条件致病菌（如表皮葡萄球菌、卵圆形糠秕孢子菌等）的增殖，刺激并破坏毛囊角质形成细胞，直接或间接促进毛囊角化过度，引起炎症。

（六）炎症和免疫反应

炎症反应贯穿痤疮的全过程，在痤疮的发生、发展和消退中起着重要作用。异常的皮脂和毛囊微生物均能激活天然免疫，产生白介素-1α（IL-α）等炎症因子，引起炎症反应；微生物持续大量增殖则会进一步激活获得性免疫，炎症反应加重，使毛囊壁损伤破裂，导致毛囊内皮脂、微生物等各种内容物进入真皮，造成毛囊皮脂腺单位周围炎症加剧和深入，出现更严重的皮肤损害。炎症和免疫反应是痤疮的另一个主要病理特征。

炎性皮肤损害消退后，根据痤疮严重程度、个体差异或皮肤护理不当等，可遗留红斑、色素沉着或瘢痕。及时调整皮肤水油平衡、尽早处理粉刺等痤疮早期皮损，有助于避免痘印、痘坑的产生。

（七）其他相关因素

1.心理因素

痤疮的发生和心理因素是互相影响、互为因果的。一般认为，持续的精神压力和不良情绪导致内分泌的紊乱，如引起肾上腺皮质激素和雄激素分泌增加，从而诱发或加重痤疮；痤疮对容貌的影响也会加重心理问题。

2. 饮食

高糖、高热量饮食和牛奶的摄入都会提高胰岛素和胰岛素样生长因子-1的水平，从而增加皮脂分泌、诱发炎症反应等，易使痤疮皮肤问题加重。

3. 睡眠

规律、充足的睡眠对皮肤健康有重要意义。持续的睡眠障碍、睡眠时间不规律等，既不利于皮肤新陈代谢，也会影响激素水平，增加皮脂分泌，促发痤疮的形成。

总之，痤疮皮肤的形成是多种因素互相影响、共同作用的结果。痤疮的调治和预防应综合考虑多种因素，根据每个顾客的实际情况制定可行性方案。

二、痤疮皮肤的表现

（一）皮损性质

痤疮发生与多种因素相关，形成原因复杂，因此，痤疮皮肤可出现粉刺、炎性丘疹、脓疱、结节、囊肿等不同性质的皮损，如图4-2所示。

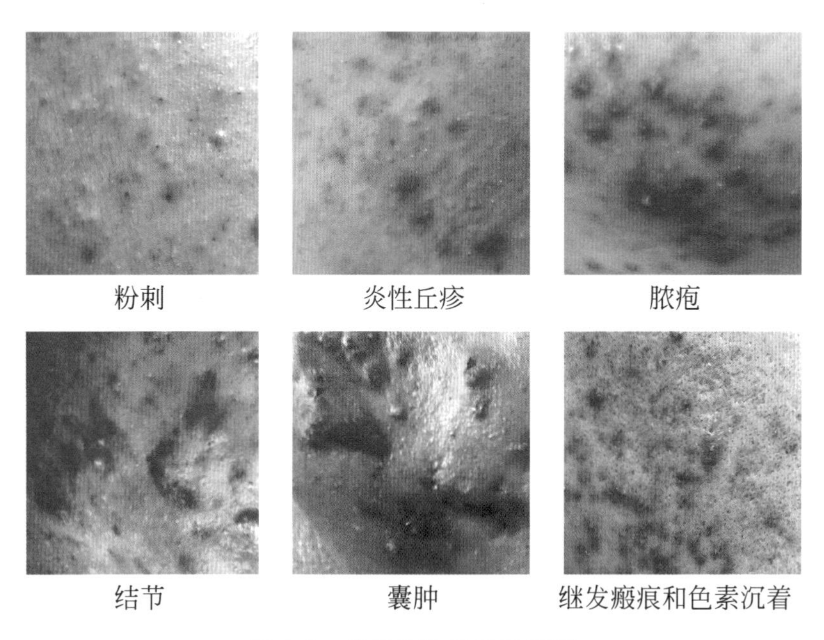

图4-2　痤疮皮肤的皮损表现

1. 粉刺

痤疮早期的非炎性皮损，多与毛囊一致。好发于青春期，男性多于女性，常伴有皮脂溢出。损害开始多在两侧鼻翼和下颌，以后发展到额、面颊及背部。一般发生顺序是自上而下，即躯干的皮肤损害在头面部之后。毛囊皮脂腺导管角化异常在粉刺的形成中起关键性作用。

粉刺分黑头粉刺和白头粉刺。白头粉刺又称闭合性粉刺，皮损为针尖到针头大小灰白色圆锥形小丘疹，内有黄色的皮脂角栓；黑头粉刺又称开放性粉刺，表现为明显扩大的毛孔中的小黑点，略高于皮面或与皮面平行，内为被氧化的皮脂栓。

2. 炎性丘疹

炎性丘疹多在粉刺基础上形成，毛囊内皮脂、角质淤积，形成的厌氧环境使痤疮丙酸杆菌得以增殖，痤疮丙酸杆菌分解皮脂产生大量游离脂肪酸，微生物和游离脂肪酸刺激毛囊漏斗部，引发炎症，形成炎性丘疹。

炎性丘疹直径小于1cm，一般为米粒到绿豆大小、呈淡红色至深红色、顶端略尖的实质性表浅隆起性皮损，有些丘疹中心可有黑头粉刺或未变黑的皮脂栓。

3. 脓疱

炎性丘疹进一步发展，炎症加剧，毛囊漏斗部破裂，皮脂、角质、微生物等内容物进入真皮，形成隆起的、内含有脓液的脓疱。脓疱破溃后放出黏稠脓液，吸收后留下暂时性色素沉着或小凹陷。若脓疱较深则可能引起瘢痕甚至瘢痕疙瘩。痤疮丙酸杆菌等微生物的大量增殖和炎症与免疫反应对脓疱形成起重要作用。

4. 结节

炎症继续扩大深入，于真皮或皮下组织形成大小不等的结节。结节是实质性、深在性的皮损，损害位置较深，皮损表面呈淡红色、暗红色或紫红色，可高出皮面呈半球形或圆锥形隆起；也可不高出皮面，用手触诊可以扪及。此种损害形成后，可逐渐吸收消退，也可化脓破溃形成瘢痕。

5. 囊肿

囊肿多在结节的基础上形成，是具有囊腔结构、内含液体或细胞成分的囊性皮损，位于真皮或更深的位置，皮损表面呈暗红色或正常肤色，挤压时有波动感。形成囊肿的原因是皮脂腺毛囊口被堵塞，大量淤积的皮脂、角质和增殖的微生物引起了剧烈的炎症反应，毛囊皮脂腺结构破坏严重，内容物液化坏死形成脓液，愈后皮肤容易留有瘢痕。

6.继发瘢痕和色素沉着

痤疮的炎性皮损消退后，可能遗留瘢痕，俗称“痘坑”。瘢痕是炎症过程的终末阶段，炎症破坏的组织被新生组织代替、修复，新生组织过度纤维化或修复不全形成瘢痕。一般，损害较浅、炎症程度低，则不易留瘢痕，但若处理不当（如用手挤），则可能使炎症扩大、深入从而产生瘢痕，瘢痕可分为萎缩性瘢痕和增生性瘢痕两种。

（1）萎缩性瘢痕

萎缩性瘢痕皮损部位真皮厚度较周围正常皮肤薄、表面略凹陷，表皮变薄，表面光滑。多出现在炎性丘疹、脓疱损害吸收后或处理方式不当而形成。

（2）增生性瘢痕

增生性瘢痕隆起于皮面，表面光滑无毛，形状不规则或呈索状，略硬。增生性瘢痕的形成多与瘢痕性体质有关。

炎性痤疮消退后，还可能会出现炎症后黑变病（PIH），又称炎症后色素沉着，俗称“痘印”。色素沉着是由于炎症发生时，黑素细胞活性增加、黑素合成和转运增多所致。炎症后黑变病通常在深色皮肤的人群中易发生，持续时间更长。色素沉着的严重程度与皮肤颜色、炎症的程度和深度及遗传因素有关。

（二）痤疮分级

痤疮皮损性质不同，严重程度不同，则调治的思路和方法就不同，因此，痤疮分级对痤疮调治方案的制定和调治效果的评估有重要意义。一般，根据皮损性质和程度，将痤疮分为3度4级，这种分级方法主要考虑痤疮的皮损性质，不考虑皮损数量。

1.轻度（Ⅰ级） 仅有粉刺。

2.中度（Ⅱ级） 除有粉刺外，还有炎性丘疹。

3.中度（Ⅲ级） 除有粉刺和炎性丘疹外，还出现了脓疱。

4.重度（Ⅳ级） 除有粉刺、炎性丘疹、脓疱外，还有结节、囊肿或遗留的瘢痕。

三、痤疮皮肤的鉴别诊断

（一）脂溢性皮炎

脂溢性皮炎是一种发生于头、面、胸、背等皮脂溢出较多部位的慢性皮肤炎症，具有独特的形态：边界清楚的红斑，上覆油腻的鳞屑，通常伴有不同程度的瘙痒。如图4-3所示。本病皮损初期常表现为毛囊性丘疹。随着病情发展，丘疹逐渐扩大，互相融合呈大小不等的黄红色或暗红色斑块。开始时多局限于头皮，严重时可向面部、耳后、腋窝、上胸部、肩部、脐窝及腹股沟等部位发展。脂溢性皮炎累及面部时，常与痤疮伴发。

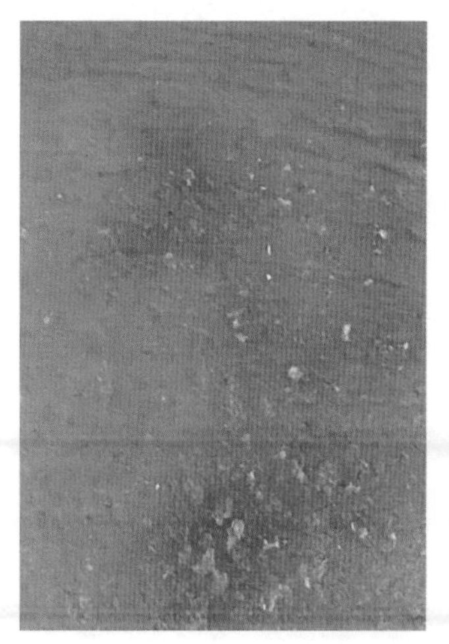
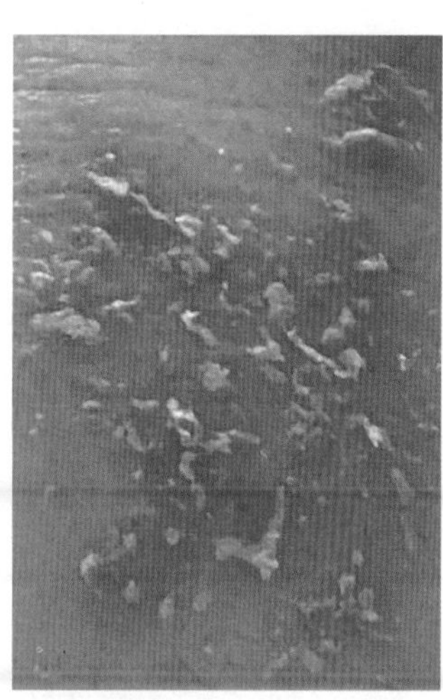

图 4-3　脂溢性皮炎

（二）玫瑰痤疮

玫瑰痤疮是一种好发于颜面中部的慢性炎症性皮肤病，鼻部的玫瑰痤疮即酒渣鼻。玫瑰痤疮不仅累及毛囊皮脂腺单位，而且累及血管和神经，其主要表现为面部皮肤周期性加重的持续性红斑、阵发性潮红、丘疹、脓疱、毛细血管扩张等（见图4-4），少数患者可出现鼻部等增生肥大（鼻赘）和眼部改变。相较痤疮（寻常痤疮）而言，玫瑰痤疮没有粉刺损害；玫瑰痤疮神经血管调节功能异常出现的潮红、红斑、毛细血管扩张，则是痤疮没有的。此外，玫瑰痤疮顾客多有皮肤敏感症状。需要注意的是，玫瑰痤疮常与寻常痤疮、脂溢性皮炎、面部湿疹等相伴出现。

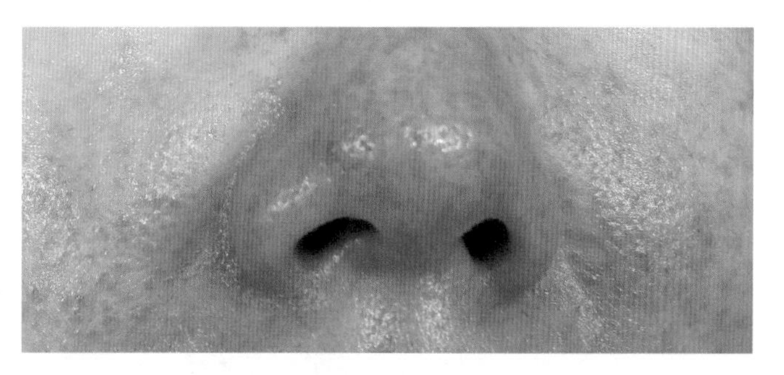
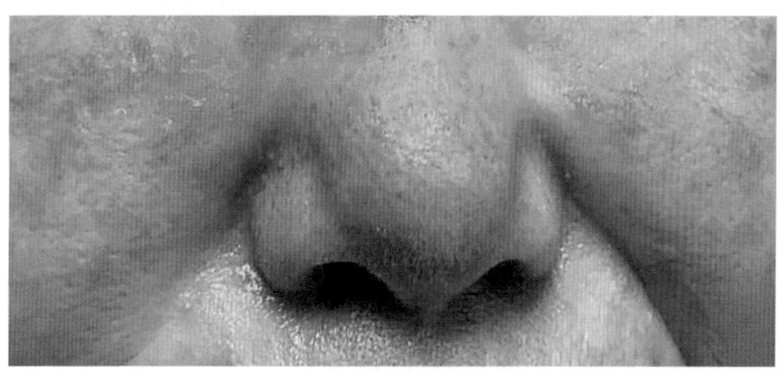
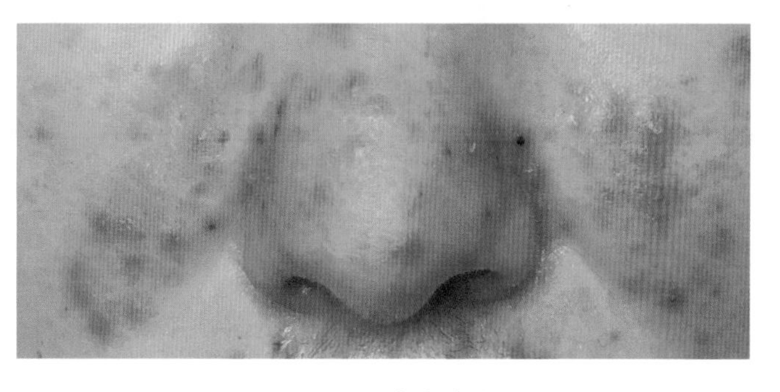

图 4-4　玫瑰痤疮

（三）毛囊炎

毛囊炎是由细菌（主要是金黄色葡萄球菌）感染引起的、局限于毛囊口的化脓性炎症。本病初起为红色的毛囊性丘疹，有局部红、肿，疼痛及压痛。数日后，丘疹中央出现黄白色脓疱，周围有红晕（见图4-5），脓疱破溃或吸收后形成黄痂，痂脱落后一般不留瘢痕。

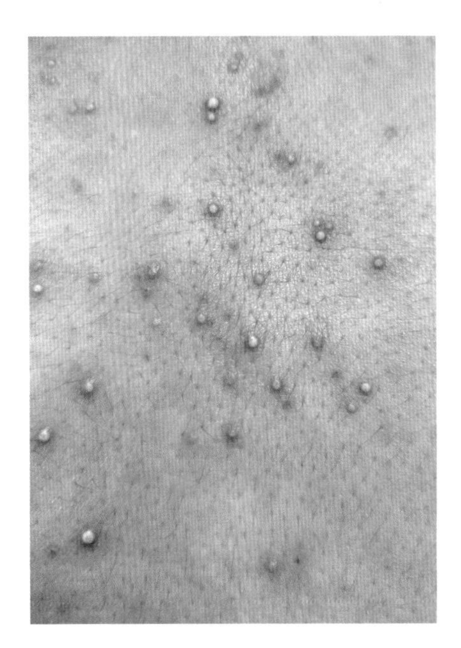
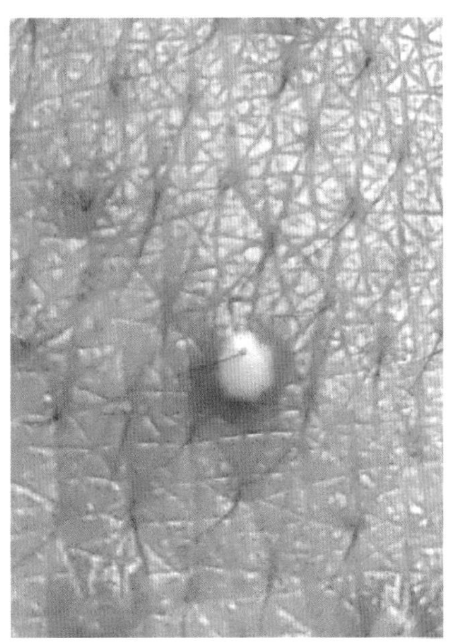

图 4-5　毛囊炎

（四）黑头粉刺痣

又称为毛囊角化痣，皮损为类似黑头粉刺的扩张孔，充满角质。黑头粉刺痣多群集出现，带状单侧分布，也可单发，好发于面、颈、躯干。它是毛囊皮脂腺单位发育异常导致的，出生时就已经存在，一般到青春期才开始明显。

（五）脂肪粒

“脂肪粒”即粟丘疹，多见于眼睑、眼周及颊部，皮损为黄白色小丘疹，表面光滑、顶端尖圆，彼此间不融合，针尖大小（1 ～ 2mm），挑开上覆的表皮可挤出角质样内容物（可呈球状颗粒），多为皮肤修复微小损伤产生的、潴留性表皮样小囊肿。

【想一想】 痤疮皮肤的形成与哪些因素有关？

【敲重点】 1.痤疮皮肤的成因及表现。
2.痤疮皮肤的鉴别诊断。

第二节 痤疮皮肤居家管理

痤疮皮肤的形成原因复杂，调治需要较长时间。在进行专业院护的同时，需要对顾客进行健康教育，指导其做好痤疮皮肤的居家管理，规避不利于痤疮消退或促使痤疮发展的因素，树立正确的皮肤养护观念，养成正确的行为习惯，真正做到科学护肤。

痤疮皮肤居家管理的目标包括改善皮脂腺过于旺盛的分泌、保持毛囊皮脂腺畅通、减少粉刺和炎症损害，还要注意疏导顾客不良的情绪，使其保持良好的心理状态，做好对顾客的专业宣导，避免不当的处理导致痤疮后瘢痕。

一、痤疮皮肤居家产品选择

居家产品是痤疮皮肤居家管理中重要的组成部分。选择正确、适合的居家产品，能够持续改善皮脂分泌、减少过度的角化和堵塞，从而避免痤疮进一步加重，也能促进已出现的皮损消退、有效改善痤疮皮肤油腻粗糙的状态。相反，居家产品选择不当，则可能导致皮损加重或新增粉刺。

（一）居家产品的选择原则

1.清洁产品的选择

痤疮皮肤常伴有皮脂溢出，可选用保湿控油产品洁面，去除皮肤表面多余油脂、皮屑和微生物的混合物，但切忌过度清洗，忌挤压和摩擦。

2.护肤类产品的选择

痤疮皮肤护肤类产品的选择应从保湿和控油两方面考虑。皮肤的水油平衡是痤疮皮肤恢复健康的关键。保湿，即保持角质层含水量，对健康皮肤和问题性皮肤管理都有重要意义。对于痤疮皮肤而言，保湿在避免角质堆积、保持皮脂排出通畅方面发挥重要作用。角质层含水量低，更容易角质堵塞、皮脂排出不畅，从而引发或加重痤疮皮损。控油，即控制皮脂分泌，有部分痤疮皮肤顾客会通过使用维A酸类（阿达帕林等）和过氧化苯甲酰等成分来控制皮脂分泌，由于该类成分的使用容易造成暂时性的皮肤屏障功能受损、出现皮肤干燥等问题，所以居家产品选择时尤其要注意补水、保湿和修复皮肤屏障，促进痤疮的消退；在使用水剂类护肤品为角质层补水后，涂抹相对轻薄的膏霜乳类护肤品，减少水分的蒸发。需要注意，护肤产品仅可对皮肤角质层进行补水和保湿，痤疮皮肤还应注意通过足量饮水补充水分，从而改善皮肤干燥、皮脂腺代偿性大量分泌的问题。

3.防护、防晒产品的选择

紫外线照射会引起表皮的角化和皮肤的炎症、促进皮脂腺分泌皮脂，不利于痤疮皮肤的恢复，故一定要防晒。痤疮皮肤应避免选择厚重的或刺激性强的防晒产品，若防晒产品加重皮损需及时更换。

4.其他类产品的选择

适当选择祛痘类功效产品。祛痘类产品主要通过控制皮脂腺分泌和减轻炎症来达到改善痤疮的目的。适当地使用祛痘类产品，有助于痤疮问题的改善，但此类产品在使用过程中容易损伤皮肤屏障，因此在使用此类产品的同时，必须使用修复皮肤屏障的产品。否则，痤疮问题会反复出现，甚至比以前更加严重。需要特别注意的是，避免使用速效的祛痘产品，此类化妆品中可能违规添加了抗生素等药物成分。

（二）改善痤疮皮肤居家产品的常见功效性成分

除保湿剂外，改善痤疮的居家产品中还经常添加具有角质剥脱、减少皮脂分泌和有一定抗炎作用的成分，如水杨酸、果酸等。

1.水杨酸

水杨酸是某些祛痘产品的原料之一，具有角质调节和抗炎的作用，是强效角质剥脱剂，常被配入痤疮皮肤洁面产品和水乳产品中。

2.果酸

果酸具有保湿和角质剥脱两方面作用，通过促进皮肤角质层代谢，减少粉刺及角质栓塞的情况，从而达到改善痤疮的效果。

3.乳糖酸

乳糖酸具有角质剥脱、保湿和抗氧化的作用，虽然角质剥脱作用弱，但刺激性低、保湿效果佳，有助于改善痤疮外用药治疗过程中出现的屏障损伤。

4.烟酰胺

烟酰胺具有角质剥脱和抗炎的作用，对改善痤疮有积极作用。

5.具有抗炎和抗微生物作用的植物成分

一些植物成分具有特殊的活性作用，其中，具有抗炎和抗微生物作用的成分可缓解痤疮皮肤炎症的发生和发展，常被添加于护肤品中，如银杏提取物、黄芩提取物等。

（三）居家管理方案调整原则

痤疮皮肤有多种不同性质、不同程度的皮损，皮肤的状态也就不尽相同。因此，应对痤疮皮肤顾客进行随访，根据皮肤状态合理调整居家管理方案和产品的选择。

皮脂溢出明显的痤疮皮肤顾客，宜选择保湿控油类护肤品；油性缺水性皮肤，宜选择补水保湿类护肤品；进行外用药治疗或物理、化学剥脱的痤疮皮肤顾客，应注意改善治疗时皮肤屏障受损带来的皮肤干燥、敏感问题，宜选择保湿修复类护肤品。此外，应谨慎选择或使用粉底、隔离、防晒及彩妆等化妆品。

【相关知识——水杨酸与果酸】

减少角化与堵塞、开放毛囊皮脂腺口是痤疮皮肤调治的方法之一，“刷酸”是常用的手段之一，但应注意控制浓度且要在专业人员指导下进行。“刷酸”主要使用的是水杨酸和果酸两种。

水杨酸为脂溶性，能够渗透到富含脂质的毛囊内，有利于溶解毛囊内堆积的角质，使粉刺栓变松，改善毛孔阻塞，阻断粉刺的形成并恢复被撑大的毛孔。在减少粉刺和预防痤疮方面，水杨酸的效果胜于果酸，更适合有炎性皮损的痤疮使用。

果酸为水溶性，无法深入毛囊内，但有一定保湿、促真皮胶原合成作用，更适合改善痤疮皮肤的暗沉和粗糙。

此外，需慎重选择使用水杨酸与果酸，如使用不当易造成皮肤屏障的损伤，使皮肤脆弱敏感，出现红斑、瘙痒、刺痛等过敏现象。

二、痤疮皮肤行为干预

（一）行为因素分析

痤疮皮肤的形成与顾客的一些行为因素关系密切，居家管理时，应结合痤疮皮肤的形成原因，对顾客的行为因素进行分析，找到影响痤疮皮肤恢复的因素并引导顾客规避，才能更好改善痤疮皮肤的皮损，恢复健康的皮肤状态。

1.不正确的清洁

顾客长期使用皂基表面活性剂类等碱性清洁产品，清洁力过强、过分去除皮脂，减弱了皮肤天然的屏障功能，还可能影响皮肤pH值，破坏微生态平衡，更易诱发痤疮。

2.不正确的护肤

过度摩擦、挤压皮肤和皮损。顾客为加大清洁力度，或快速排出皮损内容物，对皮肤和皮损进行大力的摩擦、挤压，或不当使用粉刺针，都可能导致炎症和微生物扩散，使皮损扩大、深入，不仅不能使痤疮消退，反而加重痤疮皮肤的问题。

3.不重视防护、防晒

防护、防晒和清洁、保湿共同组成了皮肤护理的基本步骤。有些顾客没有建立正确的防护、防晒观念，在阴天、冬天等阳光较弱时不做防护、防晒，或阳光较强时只涂抹防晒产品，不做物理防护，都可能因为过量的紫外线照射而加重痤疮皮肤的皮损，或使皮肤更加粗糙、油腻。

4.不良的生活习惯

很多痤疮皮肤顾客，存在熬夜、不规律作息，饮食结构单一、植物性食材摄入不足、高糖高热量饮食、不爱喝水、过度饮酒等不良习惯，造成激素水平紊乱、营养不均衡、皮肤含水量低、皮脂腺分泌过盛等问题。

5.不良的情绪因素

很多顾客痤疮的发生和发展都伴随不良情绪因素，如持续的压力、紧张、焦虑或频繁生气等；痤疮皮肤形成后，顾客往往有一定的心理负担，甚至出现焦虑、抑郁等表现，也可能使皮损加重或不利于皮损恢复。

（二）正确行为习惯的建立

不当的行为因素影响痤疮皮肤的恢复，因此，应注重对顾客进行健康教育，使其在居家管理中建立正确的行为习惯，以获得更好的皮肤状态。

1. 正确清洁

避免使用清洁力过强的碱性清洁产品；避免频繁地进行皮肤清洁，一般每天早晚各一次即可；避免水温过高；避免清洁时过度用力或使用洁面仪，尤其使用有角质剥脱作用的产品时，皮肤屏障薄弱，清洁手法需轻柔、慢缓。

2. 做好防护、防晒

尽量不在紫外线照射强烈的时间外出；无论阴天或冬季，都需做好防护、防晒工作；应以物理防护为主，如使用遮阳伞、遮阳帽等。

3. 顾客不可自己挤压痤疮皮损

正确使用护肤品，可在一定程度上控制痤疮的发展，部分痤疮可自行消退。挤压皮损，反而导致损害加深加重、愈后遗留瘢痕和色素沉着；面部、眼内角与口角形成的“危险三角区”，挤压还可能造成严重的颅内感染。痤疮清理，需严格消毒、正确施加压力，才能在清理痤疮的同时，不扩大炎症损害。因此，想要清理痤疮时，务必前往专业机构，找专业人员进行清理。

4. 注意饮食管理

避免高糖、高热量饮食，限制油腻饮食及奶制品摄入；避免辛辣刺激性食物；炎症较重时，减少或不摄入海鲜等发物；多食用蔬菜和含糖量低的水果，主食中增加粗粮，保证充足的维生素、矿物质和膳食纤维摄入，有助于预防痤疮的发生。

5. 规律护肤

规律护肤是皮肤保持健康、稳定状态的基础，建立规律护肤的习惯也是皮肤状态改善的关键。

6. 规律作息

保证睡眠充足不熬夜。好的睡眠有助于皮肤的新陈代谢和自我修复。

7.保持愉悦的心情

心理因素对痤疮皮肤的形成有一定影响，愉悦的心情、稳定的情绪有助于痤疮皮肤的恢复。对心理负担较重的顾客要耐心疏导和积极鼓励，既要引导顾客保持乐观的情绪，同时也应该让其对治疗有信心，积极配合治疗，才能达到最佳的治疗效果。

（三）居家护肤指导

1.正确洗脸方法

洁面时水温不宜过高，在去除面部油脂的同时，手法力度尽量轻柔，避免过度摩擦皮肤，减少对皮损部位的刺激。

2.正确洗澡方法

洗澡时，先用温凉水将面部润湿，均匀涂抹微脂囊包裹的且轻薄透气的精华油于面部。仰头洗头发，避免喷头热水直冲面部。清洁面部时，需将水温调至温凉水，洗完澡后正常护肤。

洗澡注意事项（见图4-6）：

1.洗澡水温不宜过高，晚上规律洗澡。

15～20min

2.洗澡时不开浴霸，建议洗澡时间在15～20min。

3.洗澡前后不宜敷面膜，洗澡后第一时间护肤，有痤疮炎症的部位可加涂护肤粉。

4.洗澡后避免因饮食、情绪激动、运动等行为造成皮肤红、热。

图4-6　洗澡注意事项

① 洗澡水温不宜过高，晚上规律洗澡。

② 洗澡时不开浴霸，建议洗澡时间在15～20min。

③ 洗澡前后不宜敷面膜，洗澡后第一时间护肤，有痤疮炎症的部位可加涂护肤粉。

④ 洗澡后避免因饮食、情绪激动、运动等行为造成皮肤红、热。

三、痤疮皮肤居家管理注意事项

痤疮的形成除受生理因素影响外，还与环境、饮食、生活习惯、化妆品的使用以及护理项目等多种因素有关，所以居家管理前一定要与顾客在美容观上达成一致，做好行为干预。

① 须加强顾客防护、防晒意识。因炎症期痤疮经阳光照射后易留痤疮印，故应提醒顾客加强防护且以物理防护为主，减少涂抹防晒霜，以避免毛孔堵塞等现象的发生。

② 须提醒顾客避免在温度过高的环境长时间停留。温度越高，皮脂腺越活跃，皮肤出油量越大，易引起痤疮问题加重。

③ 须提醒顾客居家环境应保持适宜的湿度。因环境湿度较低时，皮肤容易干燥，易导致毛囊皮脂腺导管角化异常，皮脂排泄不畅，使痤疮问题加重。

④ 痤疮皮肤的调理受个人行为习惯的影响较大，皮肤出现波动时，应先找到诱发因素再确定是否调整方案。

⑤ 须与顾客及时总结皮肤改善的要素及方法，以防止皮肤痤疮问题反复发生。

【想一想】 痤疮皮肤居家管理有哪些方面？

【敲重点】

1.痤疮皮肤居家产品的选择原则。

2.痤疮皮肤行为干预。

3.痤疮皮肤居家管理的注意事项。

第三节　痤疮皮肤院护管理

一、痤疮皮肤院护产品选择原则

痤疮皮肤选择正确、适合的院护产品，能够有效地改善皮脂分泌、减少过度的角化和堵塞，从而避免痤疮加重，也能帮助已出现皮损消退，有效改善痤疮皮肤油腻粗糙的状态。一般来说，痤疮皮肤应选择较为清爽的院护产品，同时依据痤疮的不同阶段，选择具有不同功效的院护产品。另外依据皮肤辨识与分析的结果，较为严重的痤疮皮肤顾客不宜直接进行院护，需先在皮肤管理师的指导下进行居家管理，皮肤好转后再进行院护管理。

二、痤疮皮肤院护操作

（一）护理重点及目标

平衡油脂分泌，净化毛囊，减少黑头、白头粉刺；消炎、抑菌，使炎症不再扩散和深入；痘印淡化，恢复皮肤健康功能。

（二）护理工具/仪器

在痤疮皮肤院护操作过程中，最为复杂的操作步骤是拔脂栓和痤疮清理。常用工具有尖头痤疮清理镊（1号）和圆头痤疮清理镊（2号），如图4-7、图4-8所示。

1. 尖头痤疮清理镊（1号）——拔脂栓

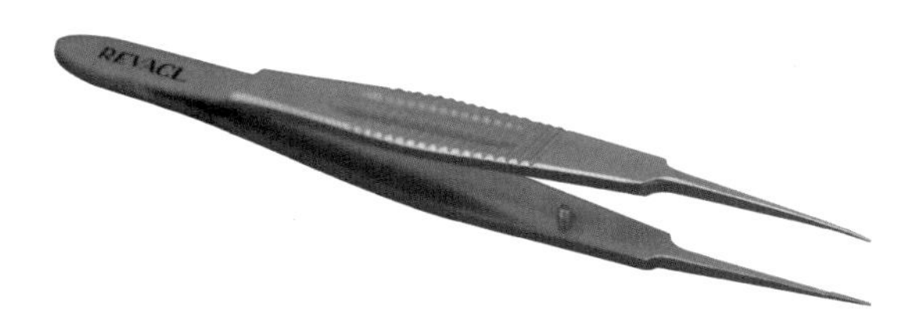

图4-7　尖头痤疮清理镊（1号）

痤疮皮肤皮脂分泌旺盛，但有时不能及时、顺畅地排出，堵塞于毛囊内，形成脂栓，若不能及时清理，可能进一步发展为炎性丘疹。因此，痤疮皮肤在院护时，首先应对已经产生并略突出于毛孔的脂栓进行拔除操作，即拔脂栓，保持毛孔通畅，预防新皮损的出现。

（1）操作步骤

① 皮肤管理师将手部及工具消毒后，借助冷光放大镜，仔细观察顾客鼻翼两侧、下颌、面颊等毛孔相对粗大处，寻找露出的脂栓。

② 皮肤管理师一只手手指辅助暴露脂栓，另一只手手持已消毒好的尖头痤疮清理镊（1号）移动到脂栓处。

③ 用镊子尖端轻轻夹住脂栓尖端并顺毛囊方向慢慢拔出。

④ 一个脂栓完整拔出后，需对工具再次进行消毒，然后用同样的方法依次拔除肉眼可见的全部脂栓，力求清理彻底。

（2）注意事项

① 操作前需仔细观察、寻找已经聚集成型、有一定硬度的脂栓（手指轻触有轻微刺感），方能进行拔脂栓操作，否则脂栓不容易被完整拔除。

② 拔脂栓时，痤疮清理镊（1号）尖端不可垂直于皮肤夹取，避免操作不当戳伤顾客皮肤。

③ 镊子尖端夹取脂栓时，用力需适当，否则脂栓容易被夹断而不能被完整拔除。

④ 当脂栓未被顺利拔出时，可考虑下次进行清理，不宜进行反复操作，避免过度刺激后造成炎症。

2. 圆头痤疮清理镊（2号）——痤疮清理

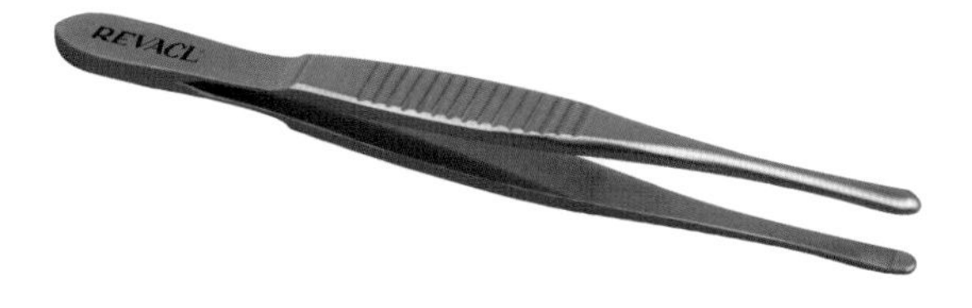

图 4-8　圆头痤疮清理镊（2号）

皮肤管理师可对顾客的痤疮皮损进行针对性清理，以加快皮损的消退，促进痤疮皮肤的恢复。主要针对黑头粉刺和脓疱性质的皮损进行清理。

（1）黑头粉刺

① 皮肤管理师将手部及工具消毒后，借助冷光放大镜，仔细观察粉刺处毛囊生长

方向和毛孔大小。

② 一只手食指中指扩张粉刺处皮肤，另一只手手持消毒圆头痤疮清理镊（2号）移动至粉刺皮肤处。持握手势为：镊子横架于中指指节，拇指指腹置于镊子柄侧，与中指指节相对用力，共同固定镊子；食指辅助控制镊子端的间距。

③ 将镊子两柄的圆头分别置于粉刺毛囊口的上下，保持镊子端距离略大于粉刺毛囊口直径。

④ 将镊子控制于毛囊开口处，毛囊底部镊柄顺毛囊方向施力，略用力下压，将毛囊内的黑头粉刺压出毛囊。注意，始终保持两镊柄间距离，不得产生相对夹持的力。

⑤ 用镊子端夹住粉刺，轻轻顺毛囊方向拔除。

⑥ 在清理后的皮肤处敷抑菌消炎棉片10～15min，其间保持棉片湿润。

⑦ 依次清理黑头粉刺，每次清理后先对镊子消毒，再清理下一个粉刺。

⑧ 黑头粉刺较多处，注意清理的间隔，不宜密集清理，防止炎症产生。

⑨ 卸除棉片后可进行后续护肤。

（2）脓疱

① 皮肤管理师将手部及工具消毒后，借助冷光放大镜，仔细观察脓疱皮损的大小和毛孔的方向。

② 先用消毒圆头痤疮清理镊（2号）轻轻夹破脓疱顶端薄薄的表皮。

③ 一只手的食指中指扩张脓疱处皮肤，另一只手手持消毒圆头痤疮清理镊（2号）移动至脓疱皮肤处。持握手势为：镊子横架于中指指节，拇指指腹置于镊子柄侧，与中指指节相对用力，共同固定镊子；食指辅助控制镊子端的间距。

④ 将镊子两柄的圆头分别置于脓疱的外边缘，保持镊子端距离略大于脓疱直径。

⑤ 将镊子控制于脓疱的外边缘，略用力下压，将脓疱内容物压出。注意，始终保持两镊柄间距离，不得产生相对夹持的力。

⑥ 清理后，用医用消毒干棉片擦拭，一直到不再渗出。

⑦ 在清理后的皮肤处敷抑菌消炎棉片10～15min，其间保持棉片湿润。

⑧ 依次清理脓疱，每次清理后先对镊子消毒，再清理下一个脓疱。

⑨ 脓疱较多处，注意清理的间隔，不宜密集清理，防止炎症扩散。

⑩ 卸除棉片后可进行后续护肤，观察清理处皮肤恢复情况。

（三）院护基本操作流程

1.拔脂栓

2.清洁

手法要轻柔慢缓，不要在同一位置反复过度清洁，注意清洁时不要洗破脓疱皮损的白尖。

3.补水、导润

补水、滋润皮肤。注意手法要轻柔慢缓，不要在同一位置反复导润，炎症较多的位置应减少导润次数，痤疮皮肤无需按摩。

4.痤疮清理

清理时，皮肤管理师双手及工具须严格消毒，清理后须对皮损处进行消炎处理。

5.皮膜修护

选用微脂囊包裹的且轻薄透气的精华油涂于面部，帮助加强皮脂膜的锁水能力，涂抹时需注意避开清理后的皮损处。

6.敷面膜

使用粉状、片状等类型面膜，根据不同面膜类型操作要求进行敷面膜护理，避免面膜风干，一般敷膜时间在15～20min。

7.护肤与防护

依次涂抹补水、保湿与防护产品，加强皮肤的水油平衡。

【课程资源包】

脂栓与痤疮清理实操指导

三、痤疮皮肤院护管理注意事项

① 院护操作前，需与顾客充分沟通，一方面对顾客近期美容史和居家产品使用情况做全面了解；另一方面对顾客做好必要的健康教育，让顾客理解痤疮皮肤的调理并非一蹴而就。

② 痤疮清理前，皮肤管理师需先准确辨识痤疮的皮损性质，再做出相应处理，切勿盲目清理。

③ 痤疮清理前，告知顾客可能出现的疼痛，并在操作时注意疏导顾客的紧张情绪。

④ 痤疮清理前，皮肤管理师须对双手及使用工具进行消毒；痤疮清理时，所有接触皮损的工具，须消毒后才能进行二次操作，避免交叉感染。

⑤ 痤疮清理时，须选择黑白头粉刺、脓疱性质的进行清理，炎性丘疹和疼痛明显的脓疱不宜进行清理，只能做抑菌消炎处理。

⑥ 院护后当天不宜洗澡。

⑦ 院护后避免皮肤出现红、热的情况，如：运动、风吹、吃火锅及辛辣刺激性食物等。

【想一想】 痤疮皮肤院护管理有哪些方面？

【敲重点】 1. 痤疮皮肤拔脂栓与痤疮清理的方法。
2. 痤疮皮肤院护管理注意事项。

第四节　皮肤管理方案制定案例——痤疮皮肤

董女士，33岁，在北京从事电商工作。皮肤受痤疮问题的困扰已有5年之久，她尝试过许多方法，用过很多品牌的祛痘产品，皮肤问题却没有得到改善，严重影响了她的工作和生活。在工作中，她认识了一名皮肤管理师，皮肤管理师运用视像观察法对董女士的皮肤进行了辨识与分析，见表4-1。

表 4-1 皮肤分析表（一）

编号：******** 皮肤管理师：徐 **

<table>
<tr><td rowspan="6">基本信息</td><td>姓名</td><td>董 **</td><td>联系电话</td><td>135********</td><td rowspan="7">皮肤管理案例——
痤疮皮肤</td></tr>
<tr><td>出生日期</td><td>19** 年 ** 月 ** 日</td><td>职业</td><td>电子商务师</td></tr>
<tr><td>地址</td><td colspan="3">北京市朝阳区 *** 小区</td></tr>
<tr><td>客户来源</td><td colspan="3">☑ 转介绍 □自媒体 □大众媒体
□其他 ______</td></tr>
<tr><td>工作环境</td><td colspan="3">☑ 室内 ☑ 计算机 □室外 □粉尘
□燥热 □湿冷 □其他 ___________</td></tr>
<tr><td>生活习惯（自述）</td><td colspan="3">1. 洗澡周期与时间：每天洗澡 1 ～ 2 次，每次洗澡时间在 30min 以上
2. 顾客自述：为了彻底清洁皮肤，会使用洁面仪，喜欢泡澡和蒸桑拿</td></tr>
<tr><td rowspan="15">皮肤辨识信息</td><td>皮肤基础类型</td><td colspan="3">□中性皮肤 □干性皮肤
□油性皮肤 ☑ 油性缺水性皮肤</td></tr>
<tr><td>角质层厚度</td><td colspan="2">□正常 ☑ 较薄 □较厚</td><td>光泽度</td><td>□好 □一般 ☑ 差</td></tr>
<tr><td>皮脂分泌量</td><td colspan="2">□适中 □少 ☑ 多</td><td>毛孔</td><td>□细小 □局部粗大
☑ 粗大</td></tr>
<tr><td>毛孔堵塞</td><td colspan="2">□无 □少 ☑ 多</td><td>毛细血管扩张</td><td>□无 ☑ 轻 □重</td></tr>
<tr><td>肤色</td><td colspan="2">□均匀 ☑ 不均匀</td><td>柔软度</td><td>□好 ☑ 一般 □差</td></tr>
<tr><td>湿润度</td><td colspan="2">□高 □一般 ☑ 低</td><td>光滑度</td><td>□好 □一般 ☑ 差</td></tr>
<tr><td>弹性</td><td colspan="2">□好 □一般 ☑ 差</td><td>肤温</td><td>□微凉 ☑ 略高</td></tr>
<tr><td>自觉感受</td><td colspan="4">□无（舒适） ☑ 厚重 ☑ 热 ☑ 痒 □紧绷 □胀 □刺痛</td></tr>
<tr><td>肌肤状态</td><td colspan="4">□健康 ☑ 不安定 □干燥 ☑ 痤疮 □色斑 □敏感 □老化
□其他 _______</td></tr>
<tr><td>痤疮</td><td colspan="4">□无 ☑ 黑、白头粉刺 ☑ 炎性丘疹 ☑ 脓疱 ☑ 结节 □囊肿
□瘢痕</td></tr>
<tr><td>色斑</td><td colspan="4">□无 □黄褐斑 □雀斑 □ SK（老年斑） ☑PIH（炎症后色素沉着）
□其他 _______</td></tr>
<tr><td>敏感</td><td colspan="4">□无 ☑ 热 ☑ 痒 □紧绷 □胀 □刺痛 □红斑 □丘疹 □鳞屑
□其他 _______</td></tr>
<tr><td>老化</td><td colspan="4">□无 □干纹 ☑ 细纹 ☑ 表情纹 □松弛、下垂 □其他 _______</td></tr>
<tr><td>眼部肌肤</td><td colspan="4">□无 □干纹 ☑ 细纹 □鱼尾纹 □黑眼圈 □眼袋
□松弛、下垂 □其他 _______</td></tr>
</table>

皮肤管理师在对董女士的皮肤进行辨识与分析时，详细了解了她的美容史和她的日常护肤习惯，了解到董女士一直有自己清理痘痘的习惯，还会经常去美容院清理；居家使用的产品也是种类繁多，使用顺序杂乱无章，见表4-2。

表 4-2　皮肤分析表（二）

编号：********　　顾客姓名：董 **　　皮肤管理师：徐 **

<table>
<tr><td>美容史</td><td colspan="3">1. 过敏史　□有 ____________　☑无
2. 护理周期　□定期 ________　☑不定期 ________　□其他 ______
3. 顾客自述：经期前后、食用油炸或辛辣食物后，痘痘明显会增多。自己经常清理痘痘，听到某个产品能够去痘，便会毫不犹豫地买回来，但是买来买去，除了满满一梳妆台的化妆品外，脸上的痘痘却不见好转，甚至更严重了；去过很多美容院清理，但都是没隔几天痘痘就又冒出来了</td></tr>
<tr><td colspan="4">皮肤管理前居家护肤方案</td></tr>
<tr><td colspan="4">原居家产品使用：（顺序、品牌、剂型、作用、用法、用量、用具）</td></tr>
<tr><td>晚</td><td>1.S 品牌洁面
2.C 品牌水
3.S 品牌晚精华（祛痘安瓶）
4.A 品牌乳液
5.L 品牌面霜</td><td>早</td><td>1.S 品牌洁面
2.S 品牌水
3.S 品牌早精华（祛痘安瓶）
4.A 品牌乳液
5.L 品牌面霜
6.L 品牌隔离
7.S 品牌防晒</td></tr>
<tr><td colspan="4">皮肤管理前洗澡后的皮肤状态：
皮肤又红又热</td></tr>
<tr><td colspan="4">皮肤管理前季节、环境、生活习惯变化后皮肤状态：
到热的环境皮肤就会发红、发热，痘痘明显加重</td></tr>
<tr><td colspan="4">原居家护理后的皮肤状态：
涂抹产品后，皮肤看起来很油，偶有痒感，痘痘明显</td></tr>
<tr><td colspan="4">原院护后的皮肤状态：
院护清理后，皮肤红、胀；没隔几天，痘痘就又冒出来了，有时感觉还比以前多了</td></tr>
<tr><td colspan="4">顾客签字：董 **

皮肤管理师签字：徐 **

日期：20** 年 ** 月 ** 日</td></tr>
</table>

经过对董女士皮肤的全面分析，皮肤管理师为董女士制定了皮肤护理方案，见表4-3。

表 4-3　皮肤护理方案表

编号：********　　　　　　　　　　　　　　　　皮肤管理师：徐 **

<table>
<tr><td colspan="2">姓名：董 **</td><td>电话：
135********</td><td>建档时间：20** 年 ** 月 ** 日</td></tr>
<tr><td colspan="4">顾客美肤需求：解决皮肤痤疮问题，淡化痘印</td></tr>
<tr><td colspan="4">皮肤管理后居家护理方案</td></tr>
<tr><td colspan="4">现居家产品使用：（顺序、品牌、剂型、作用、用法、用量、用具）</td></tr>
<tr><td>晚</td><td>1.REVACL 肌源清洁慕斯
2.REVACL 凝莳新颜液
3.REVACL 莹润焕颜乳 +REVACL 水润净颜霜
4.REVACL 肌源护肤粉
注：每天洗澡时使用 REVACL 肌源精华油滋润面部皮肤</td><td>早</td><td>1.REVACL 肌源清洁慕斯
2.REVACL 凝莳新颜液
3.REVACL 莹润焕颜乳 +REVACL 水润净颜霜
4.REVACL 肌源护肤粉</td></tr>
<tr><td colspan="4">行为干预内容：
1. 禁止自己清理痤疮
2. 减少摩擦，不使用洁面仪
3. 清洁或洗澡时水温不宜过高，时间不宜过长，使用温凉水洁面
4. 忌食辛辣、刺激性食物及海鲜、羊肉等发物；忌食油炸油腻食物及过多的甜食
5. 避免紫外线过度照射，选择物理防护
6. 调理期内不建议使用隔离等遮瑕类产品</td></tr>
<tr><td colspan="4">院护方案</td></tr>
<tr><td colspan="4">目标、产品、工具及仪器的选择（院护项目）</td></tr>
<tr><td colspan="4">1. 目标：解决皮肤痤疮问题，淡化痘印
2. 产品、工具及仪器（院护项目）：痤疮皮肤院护项目
（1）产品：痤疮皮肤院护项目所需系列产品
① 氨基酸表面活性剂洁面产品
② 补水的微乳产品，滋润度与保湿度兼具的乳霜产品
③ 祛痘精华液
④ 皮膜修护产品
⑤ 补水、祛痘软膜产品
（2）工具及仪器：尖头痤疮清理镊（1 号）、圆头痤疮清理镊（2 号）</td></tr>
<tr><td colspan="4">操作流程及注意事项</td></tr>
<tr><td colspan="4">1. 操作流程
（1）拔脂栓；（2）清洁；（3）补水、导润；（4）痤疮清理、消炎；（5）皮膜修护；（6）敷面膜；（7）护肤与防护
2. 注意事项
（1）建议下午或晚上做院护
（2）院护后需使用物理防护产品（不用防晒及化妆品，晚间回家可不洁面）
（3）院护后当天不洗澡
（4）院护后避免皮肤出现红、热的情况，如：运动、风吹、吃火锅及辛辣刺激性食物等</td></tr>
<tr><td colspan="4">护理周期：10 天 / 次</td></tr>
<tr><td colspan="4">顾客签字：董 **
皮肤管理师签字：徐 **
日期：20** 年 ** 月 ** 日</td></tr>
</table>

董女士了解了自己皮肤痤疮的成因，与皮肤管理师达成共识，共同配合有效实施了皮肤管理方案。90天后，董女士的皮肤痤疮问题得到了有效解决，由于董女士有了更高的美肤需求，所以进行了下一步院护预约，见表4-4。

表 4-4　护理记录表

编号：********　　　　皮肤管理师：徐 **

姓名：董 **				电话：135********		
序号	日期	护理内容（居家护理 / 院护项目）	皮肤护理前状态	反肤护理后状态	回访时间、院护预约时间 / 顾客、皮肤管理师签字	回访反馈 / 方案调整 / 行为干预
1	20**.8.10	□居家护理 ☑ 院护 痤疮皮肤一阶段护理	皮肤红热，毛孔堵塞多，痤疮严重，痘印明显	皮肤堵塞减少，红热及痤疮炎症现象明显改善	回访时间：20**.8.11、20**.8.13 院护预约时间：20**.8.20 顾客签字：董 ** 皮肤管理师签字：徐 **	回访反馈：20**.8.11 回访，院护后皮肤堵塞现象减少 方案调整：/ 行为干预：禁止自己清理痤疮
2	20**.8.13	☑ 居家护理 □院护	少量毛孔堵塞，痤疮及痘印明显	皮肤无油腻现象，反肤舒适	回访时间：/ 院护预约时间：20**.8.20 顾客签字：/ 皮肤管理师签字：徐 **	回访反馈：/ 方案调整：/ 行为干预：禁止使用洁面仪
3	20**.8.20	□居家护理 ☑ 院护 痤疮皮肤一阶段护理	少量毛孔堵塞，痤疮及痘印明显	皮肤堵塞减少，痤疮炎症现象有所改善	回访时间：20**.8.21 院护预约时间：20**.9.1 顾客签字：董 ** 皮肤管理师签字：徐 **	回访反馈：20**.8.21 回访，院护后痤疮炎症明显减轻 方案调整：/ 行为干预：忌食辛辣刺激性食物，洗澡时间不宜过长，水温不宜过高

续表

姓名：董 **				电话：135********		
序号	日期	护理内容（居家护理 / 院护项目）	皮肤护理前状态	皮肤护理后状态	回访时间、院护预约时间 / 顾客、皮肤管理师签字	回访反馈 / 方案调整 / 行为干预
4	20**.9.1	☐居家护理 ☑ 院护 痤疮皮肤一阶段护理	少量皮肤堵塞，少量痤疮炎症	皮肤堵塞明显改善，痤疮炎症明显减轻	回访时间：20**.9.2 院护预约时间：20**.9.11 顾客签字：董 ** 皮肤管理师签字：徐 **	回访反馈：20**.9.2 回访，院护后痤疮明显减少 方案调整：皮肤无明显炎症时，可考虑痤疮二阶段护理，淡化痘印 行为干预：/
……	……	……	……	……	……	……
11	20**.11.10	☐居家护理 ☑ 院护 痤疮皮肤二阶段护理	皮肤平整，少量痘印	痘印淡化明显	回访时间：20**.11.11 院护预约时间：20**.11.20 顾客签字：董 ** 皮肤管理师签字：徐 **	回访反馈：20**.11.11 回访，院护后痘印淡化明显 方案调整：建议顾客添加 REVACL 凝莳新颜霜 行为干预：/
……	……	……	……	……	……	……

【想一想】 如何为痤疮皮肤顾客制定皮肤管理方案？

【敲重点】

1. 痤疮皮肤顾客的皮肤分析表内容。
2. 痤疮皮肤顾客的皮肤管理方案表内容。
3. 痤疮皮肤顾客的护理记录表内容。

【本章小结】

痤疮皮肤是美容常见的问题性皮肤之一，本章分析并介绍了痤疮皮肤的成因及表现；给出了痤疮皮肤居家和院护的管理方案，结合真实的皮肤管理案例，使学习者具备制定痤疮皮肤管理方案的能力，为调理好顾客的痤疮皮肤奠定了基础。

【职业技能训练题目】

一、填空题

1. 痤疮皮肤的形成主要与遗传和雄激素诱导的（　）、（　）、痤疮丙酸杆菌等微生物大量增殖、炎症和免疫反应等因素有关。
2. 根据皮损性质和程度，将痤疮分为（　）度（　）级，既有粉刺，又有丘疹和脓疱的是中度（　）级。
3. 瘢痕是炎症过程的终末阶段，可分为（　）和（　）两种。

二、单选题

1.（　）是一种好发于颜面中部的慢性炎症性皮肤病，其主要表现为面部皮肤周期性加重的持续性红斑、阵发性潮红、丘疹、脓疱、毛细血管扩张等。

A. 毛囊炎　　B. 脂溢性皮炎

C. 玫瑰痤疮　　D. 脂肪粒

2. 目前认为，与痤疮发生发展关系最密切的微生物是（　）。

A. 痤疮丙酸杆菌　　B. 表皮葡萄球菌

C. 金黄色葡萄球菌　　D. 卵圆形糠秕孢子菌

3. 炎性痤疮消退后，还可能会出现炎症后黑变病（PIH），俗称（　）。

A. 痘坑　　B. 黄褐斑

C. 雀斑　　D. 痘印

4. 痤疮皮肤从哪一级开始出现囊肿（　）。

A. 轻度（Ⅰ级）　　B. 中度（Ⅱ级）

C. 中度（Ⅲ级）　　D. 重度（Ⅳ级）

5. 痤疮皮肤顾客需避免食用（　）。

A. 含糖量低的水果　　B. 辛辣刺激性食物

C. 维生素　　D. 膳食纤维

三、多选题

1. 中度Ⅱ级的痤疮皮肤同时具有（　）。

A. 粉刺　　B. 炎性丘疹

C. 脓疱　　D. 结节

E. 囊肿

2. 下列成分具有角质剥脱作用、可用于调理痤疮皮肤的是（　）。

A. 水杨酸　　B. 果酸

C. 乳糖酸　　D. 烟酰胺

E. 银杏提取物

3. 痤疮皮肤的行为干预有（　）。

A. 不能挤压痤疮皮损，顾客自己不做粉刺针清理

B. 避免辛辣刺激性食物

C. 规律作息，保证充足睡眠

D. 避免清洁时过度用力或使用洁面仪

E. 需做好防晒工作

4. 痤疮的非炎性皮损包括（　）。

A. 白头粉刺　　B. 黑头粉刺

C. 脓疱　　D. 结节

E. 囊肿

5. 炎性痤疮皮损消退后，可能遗留的问题有（　）。

A. 萎缩性瘢痕　　B. 增生性瘢痕

C. 色素沉着　　D. 鳞屑

E. 浸渍

四、简答题

1. 简述痤疮皮肤顾客院护操作流程。

2. 简述痤疮皮肤居家管理注意事项。

第五章
美容常见问题性皮肤——色斑皮肤

【知识目标】

1. 熟悉色斑皮肤居家管理和院护管理的注意事项。
2. 掌握色斑皮肤的成因。
3. 掌握黄褐斑的表现及鉴别诊断。
4. 掌握色斑皮肤居家产品及院护产品的选择原则。
5. 掌握色斑皮肤行为干预及院护基本操作流程。
6. 掌握色斑皮肤管理方案的内容和制定方法。

【技能目标】

1. 具备准确辨识色斑皮肤，及对顾客的行为因素进行分析的能力。
2. 具备正确指导色斑皮肤顾客进行居家管理的能力。
3. 具备熟练完成色斑皮肤院护管理的能力。
4. 具备制定色斑皮肤管理方案的能力。

【思政目标】

1. 培养文化自信，普及人文精神和科学精神。
2. 通过价值引导，实现立德树人，培养责任意识与敬业精神。

【思维导图】

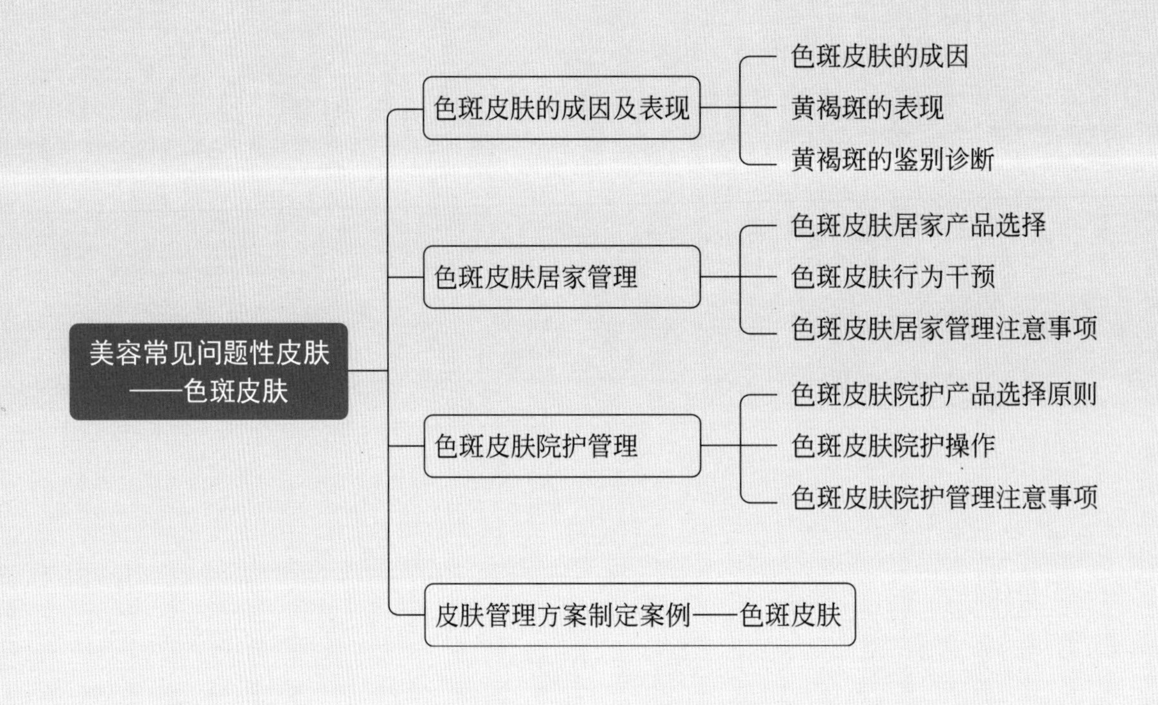

第一节　色斑皮肤的成因及表现

色斑皮肤是指由于多种因素造成皮肤色素代谢失常，皮肤色素增多的一种损美性皮肤表现。

一、色斑皮肤的成因

（一）色素代谢的生理过程

1.黑素细胞

黑素细胞是合成与分泌黑素的树枝状细胞，起源于外胚层神经嵴，约占基底层细胞的10%，几乎遍布于所有组织。黑素细胞的密度因部位而异，在面部、腋窝、乳晕、生殖器的分布密度较高。黑素细胞内含有黑素小体，当酪氨酸酶进入黑素小体后，即可启动黑素的合成和存储过程。黑素细胞的树枝状突伸向周围角质形成细胞和毛囊上皮细胞，将合成的黑素输送到这些细胞内，每个黑素细胞借助树枝状突与10～36个角质形成细胞接触，形成1个表皮黑素单元。随着角质形成细胞的分化不断向上转运，最终黑素脱落于皮面。

2.黑素小体

黑素小体是黑素细胞进行黑素合成的场所。

3.黑素合成、转移与降解

黑素在黑素细胞中形成，其合成过程为氧化过程。即酪氨酸在酪氨酸酶的作用下，被逐渐氧化成多巴（3,4-二羟基苯丙氨酸），进而氧化为多巴醌逐渐形成黑素，再由黑素细胞的树枝状突通过表皮黑素单位不断向上推移，最终在皮面脱落排出体外，而表皮下的黑素被重新吸收或被细胞吞噬后进入血液循环。

（二）影响黑素生成的因素

1.巯基

正常情况下表皮中巯基（—SH）能与酪氨酸酶中的铜离子结合而产生抑制作用，抑制表皮色素的生成。因此能使巯基含量减少的因素，如皮肤炎症、紫外线照射、维生素A缺乏、重金属等均会促进色素生成。

2.维生素及氨基酸

（1）促进黑素生成

维生素中的复合维生素B、泛酸、叶酸等参与了黑素形成，其含量增加，可促进黑素生成。氨基酸中的酪氨酸、色氨酸、赖氨酸等参与黑素形成，可促进黑素生成。

（2）抑制黑素生成

维生素中的维生素C、维生素E均可抑制黑素生成。氨基酸中谷胱甘肽、半胱氨酸为酪氨酸酶中铜离子的螯合剂，可抑制黑素生成。

3.内分泌因素

促黑素（MSH）、雌激素、甲状腺激素等均能促进黑素的生成。

4.环境及生活因素

紫外线、空气污染、摄入光敏物等生活、饮食因素可增加皮肤黑素生成量。

（三）黄褐斑的成因

皮肤色素斑的类型较多，预后也各不相同，通常需皮肤科医师明确诊断。后天形成的色斑以黄褐斑最为多见。黄褐斑俗称“蝴蝶斑”“肝斑”“黧黑斑”“妊娠斑”等，是亚洲成年女性常见的一种损美性皮肤表现，它是一种慢性、获得性面部色素增加性皮肤问题。黄褐斑的发生和发展是一个非常复杂、多因素参与、互相影响的过程，通过有效皮肤护理可得到改善。

1. 内分泌因素

（1）生理性因素

常见于妊娠期妇女，因其内分泌变化较大，雌激素、孕激素和促黑素（MSH）分泌增多。雌激素能刺激黑素细胞分泌黑素小体，而孕激素则可以促使黑素小体转运和扩散，促黑素可以提高酪氨酸酶活性、促进黑素小体的合成。妊娠期后护理得当黄褐斑一般可自行消退，反之，也有少部分人终身不消退。

（2）病理性因素

某些慢性疾病如肝脏病、慢性酒精中毒、结核、内脏肿瘤、甲状腺疾病及一些自身免疫性疾病等，特别是女性生殖器官疾病和月经不调、不孕症等患者面部常常出现黄褐斑。这可能与卵巢、脑垂体、甲状腺等内分泌有关，也有观点认为黄褐斑可能并不是单一的皮肤病，而是一些自身免疫性疾病的一部分。

（3）药物性因素

口服避孕药可引发黄褐斑，多在服用1～20个月后发生，不仅面部出现，乳晕、腋下和外阴的色素也会增加。

2. 遗传因素

遗传因素与黄褐斑发生关系密切，在其他外在条件如日晒等作用下，则更容易诱发该病。

3. 紫外线照射

紫外线照射被认为是促使黄褐斑加重的最主要因素，它可以破坏皮肤中的巯基，从而提高酪氨酸酶的活性，或通过直接刺激黑素细胞、光氧化作用等方式使黑素细胞及黑素小体数量增加并加速其转运。

4.自由基含量高

自由基是含有一个不成对电子的原子团，它是机体氧化反应的代谢产物，具有强氧化性。过量的自由基可损害机体的组织和细胞，进而引起慢性疾病及衰老效应，可以促进黑素的形成。

5.皮肤微生态

人体的皮肤有维持自身微生态稳定的能力，菌群之间存在共生或拮抗作用，参与表皮脂质膜的形成，构成生物屏障，并且可以养护皮肤，参与皮肤细胞代谢。如果宿主的皮肤、环境与菌群之间处于不协调的病理状态，即微生态失衡，如产色素的微球菌和条件致病的革兰氏阴性杆菌数量增加，就会造成皮肤的病理性损害，包括黄褐斑。如产色素微球菌大量繁殖，产生的色素超过皮肤局部的自净能力而被皮肤吸收沉积于表皮内，就会形成色斑。另外，研究发现，产色素微球菌随温度升高和时间延长而活菌数增多，产生的色素也明显加深。这可能也是黄褐斑夏季加深冬季减弱的原因之一。

6.皮肤炎症

皮肤炎症和刺激会加重黄褐斑。炎症反应产生的物质等可以诱导黑素细胞体积增大并且树突增生，促使黑素细胞活性增加，促进黑素形成。

7.皮肤屏障受损

皮肤可以保护体内各种器官和组织免受外界有害因素的损伤，也可以防止体内水分、电解质及营养物质的丢失，皮肤的屏障功能健康非常重要。而黄褐斑往往伴随着皮肤屏障受损，其中，物理屏障与色素屏障间关系密切，可通过脂质成分和角质形成细胞分泌的物质调控色素屏障功能。色素屏障功能是指表皮基底层黑素细胞及其产生的黑素防止机体受到过度紫外线辐射损伤等。当皮肤物理屏障功能下降时，会影响色素屏障功能，黑素代谢紊乱，使黑素颗粒在表皮沉积。所以，皮肤的物理屏障功能健康也是改善黄褐斑的基础。

二、黄褐斑的表现

（一）发病人群

女性多发，主要发生在青春期后。

（二）发病部位

多对称分布于面部，尤以颧颊多见，亦可累及眶周、前额、上唇和鼻部等部位；一般不累及眼睑和口腔黏膜。

（三）皮损性状

皮损呈淡褐色、黄褐色或深褐色斑片，大小不定，边缘不清，表面光滑，无炎症，无鳞屑，一般不伴有其他皮疹；色斑深浅随季节变化，夏重冬轻，日晒后加重（图5-1）。

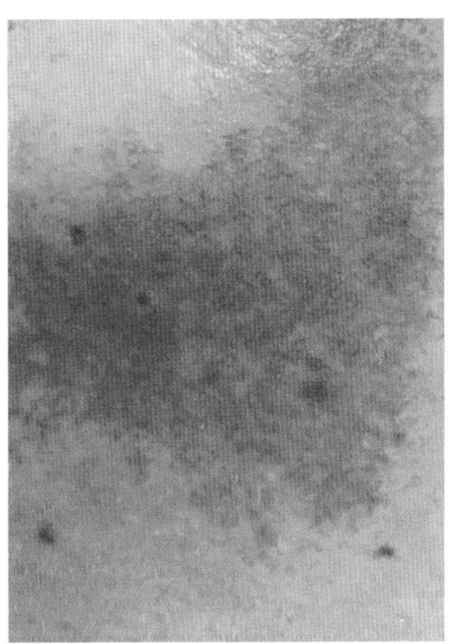

图 5-1　黄褐斑

（四）身体症状

无自觉症状及全身不适。

（五）病程

病程一般发展缓慢，易复发。

三、黄褐斑的鉴别诊断

在临床护理中，需将黄褐斑与雀斑、瑞尔黑变病、色素性化妆品皮炎、老年斑、炎症后色素沉着等损美性皮肤问题进行鉴别。

（一）雀斑

雀斑，色斑为针帽至米粒大小褐色或淡黑色斑点，散在分布互不融合，好发于面部，特别是鼻梁及眼眶下。常在儿童期发病，青少年女性多见，有家族史，季节性明显，夏季重，冬季好转。

（二）瑞尔黑变病

瑞尔黑变病，属于皮肤慢性炎症性损害。皮损为灰紫或紫褐色，与正常皮肤边界不鲜明。好发于前额、颞、颧、耳后及颈侧。初起轻度瘙痒、红斑，呈网点状分布，进而出现色素沉着，沉着处有轻度充血，可融合成片，色素斑上常有粉尘状细小鳞屑。

（三）色素性化妆品皮炎

色素性化妆品皮炎非常容易与黄褐斑混淆。面部弥漫性或斑块性棕褐色斑，有明确的外用化妆品史，发病初期有红斑、丘疹性炎性皮损，伴有不同程度瘙痒。化妆品斑贴试验阳性。黄褐斑早期无炎症反应，多呈蝴蝶状分布。

（四）老年斑

老年斑，是最常见的良性表皮增生性肿瘤，可见于面部或身体其他部位，但多不累及掌跖部。初起为针头大小淡黄色斑，逐渐发展成浅褐色、界限清楚的圆形或椭圆形扁平丘疹，随着病期延长，颜色加深呈褐色或黑色。皮损略突出于皮肤表面，表面粗糙。

（五）炎症后色素沉着

炎症后色素沉着包括痘印、面部皮炎湿疹类疾病遗留的皮肤色素沉着等，形态、分布因初期炎症累及范围和程度而异。

【想一想】 色斑皮肤的形成与哪些因素有关？

【敲重点】

1. 色斑皮肤的成因。
2. 黄褐斑的表现及鉴别诊断。

第二节　色斑皮肤居家管理

色斑皮肤的形成原因比较复杂，不仅包括内因及外因，还存在一定的诱发因素及个体差异情况，所以色斑皮肤在调理过程中，要客观引导顾客不要过分在意短期的效果，切忌求快的心理。在对色斑皮肤进行管理的过程中，除了通过有针对性的院护来淡化色斑外，还要特别注重色斑皮肤的居家管理，也就是在了解顾客皮肤状态及美容史的前提下，帮助顾客找出影响其色斑皮肤恢复的行为因素并合理规避，逐渐建立适合其皮肤的正确行为习惯，同时，帮助顾客选择适合皮肤现状的护肤品，并教会他正确使用。经过这样的专业管理，逐渐恢复皮肤的健康功能，才能有效改善皮肤色斑。

一、色斑皮肤居家产品选择

色斑皮肤的调理，不能仅仅依靠院护，对于某些色斑类型来讲，例如黄褐斑，居家管理更为重要。居家产品是居家管理的重要组成部分，补水保湿、恢复皮肤的屏障功能是色斑皮肤居家产品选择的基本原则。正确选择适合的居家产品，可通过提升皮肤的含水量及改善皮肤的防御功能，来促进皮肤的色素代谢，减轻色素沉着。相反，若居家产品选择不当，则可能导致色斑问题更加严重。

（一）居家产品的选择原则

1.清洁产品的选择

挑选一款适合的清洁产品是正确护肤的第一步。色斑皮肤含水量不高，避免使用清洁力强的洁面产品，例如洁面皂等；应选择保湿性好、质地温和的洁面产品，例如氨基酸表面活性剂洁面产品等，避免去除过多的皮脂，减少皮肤的水分流失。

2.护肤类产品的选择

色斑皮肤护肤类产品的选择，首先要从保湿入手。保湿类护肤品具有保持皮肤水分、减缓皮肤水分挥发的功效，对色斑皮肤护理有重要作用。色斑皮肤存在皮肤含水量低、色素代谢失调、皮肤屏障受损等问题。保湿类护肤产品通过补水、锁水达到保湿效果。补水既可以使用水剂类产品直接给予皮肤补充水分，也可以通过吸湿剂、与水结合的生物大分子帮助皮肤吸收并储存水分，改善微循环，增强皮肤的湿润度；锁水即通过保湿霜等产品，在皮肤表面形成疏水性的薄层油膜，延迟水分的蒸发和流失，锁住皮肤水分，以增加皮肤的水合度。因此使用保湿类护肤产品可有效改善皮肤含水量，逐渐修复皮肤屏障。

3.防护、防晒产品的选择

各种类型的色斑都会因日晒而加重，因此在色斑皮肤居家护理中，防护、防晒类产品必须坚持使用。对于黄褐斑皮肤护理，需要选择不加重皮肤负担的防护产品，以利于皮肤屏障功能的恢复。建议选择温和无刺激的物理防护产品并做好物理避光。

4.其他类产品的选择

（1）适当选择祛斑美白类功效产品

祛斑美白类的产品一般通过剥脱角质或抑制黑素生成达到祛斑美白的效果，对肤色暗沉、不均匀、色斑等肌肤局部色沉的问题，具有一定的改善作用。适当地使用祛斑美白类的产品，有助于淡化色斑。但此类产品在使用过程中容易损伤皮肤屏障，因此在使用此类产品的同时，必须使用修复皮肤屏障的产品。否则，色斑问题会反复出现，甚至比以前更加严重。需要特别注意的是，避免使用速效的美白祛斑产品，此类化妆品中可能违规添加了氢醌、激素等成分，这样的产品会对皮肤及人体造成较大的伤害。

（2）可配合选择口服类产品

色斑类皮肤问题尤其是有黄褐斑的顾客，在外用护肤品的同时可口服抗氧化、清除自由基、促进代谢类口服产品配合调理。

（二）改善色斑皮肤居家产品的常见功效性成分

祛斑美白类产品的有效成分主要影响黑素生成过程，降低酪氨酸酶的活性，从而达到美白祛斑的作用。

1.氢醌

氢醌即对苯二酚，是用来治疗黄褐斑、炎症后黑变病和其他色素沉着性疾病最广泛和最有效的成分。氢醌通过抑制酪氨酸酶活性、调控黑素细胞代谢过程，来减退皮肤黑素的合成，研究发现氢醌可以将酪氨酸酶活性降低90%。氢醌引起的最常见的不良反应有皮肤刺激和接触性皮炎，较严重的副作用是在治疗部位产生一种高度黑素沉着的、难以减退的外源性黄褐斑，通常在皮肤较黑，长期使用过高浓度或者低浓度氢醌时发生。另外，氢醌也被列为有潜在致癌性物质。欧盟在2002年起禁止在化妆品中添加氢醌，我国《化妆品安全技术规范》（2015版）已经将其列入护肤品的禁用物质中，目前氢醌只可以在处方药中使用。

2. 熊果苷

熊果苷又名熊果素，最早是从小灌木熊果叶中分离出来的一种糖基化的氢醌衍生物，对黑素细胞中的酪氨酸酶具有较强的抑制作用，有美白祛斑的效果，其安全性较高，主要应用于化妆品中。

3. 曲酸

曲酸是曲耳属中某些菌株利用葡萄糖、果糖、山梨糖和糖醇等原料,耗氧发酵产生的一种弱酸化合物，是一种无色、无味、安全有效的酪氨酸酶抑制剂。曲酸的美白机理是与酪氨酸酶必不可少的铜离子螯合使其失去活性，最终达到美白的效果。但曲酸的稳定性较差，对光、热较敏感，易与金属离子（如Fe^{3+}）螯合，容易氧化、变色。

4. 壬二酸

壬二酸又名杜鹃花酸，是无色或淡黄色结晶。壬二酸通过阻断黑素在黑素细胞内的正常运输，阻止黑素与蛋白质的自由结合，从而减少黑素颗粒的形成。壬二酸的美白功效具有选择性，对于高活性的黑素细胞有抑制作用，对正常色素细胞的作用非常有限。

5. 维生素C及其衍生物

维生素C又名抗坏血酸，它通过与铜离子在酪氨酸酶活性部位相互作用以及减少多巴醌等多步黑素合成过程来干扰黑素的产生，维生素C还有清除皮肤中的自由基、促进胶原蛋白合成的作用。但维生素C很容易被氧化，从而失去功效。而维生素C的衍生物比较稳定，在功效方面与维生素C相近。

6. 白藜芦醇

白藜芦醇通过抑制黑素母细胞中的酪氨酸酶的mRNA的表达，以及抑制TRP-1（酪氨酸酶相关蛋白-1）等来实现祛斑的功效。此外，白藜芦醇也对B_{16}黑素细胞的增殖有一定的抑制作用。白藜芦醇在相对较低的浓度下就可以达到熊果苷高浓度的祛斑效果。临床结果证明白藜芦醇具有较好的美白效果，可以改善皮肤色泽，并具有较好的安全性。

7.烟酰胺

烟酰胺是维生素B_3的氨基化合物形式。烟酰胺对色素的影响是通过抑制黑素由黑素细胞转移至表皮角化细胞来实现的。但烟酰胺单独使用美白效果有限，最好能搭配其他成分一起使用。

（三）居家管理方案调整原则

色斑皮肤居家管理是一个循序渐进的过程，在这个过程中，随着皮肤功能的不断恢复，需要适时调整护肤方案。

皮肤明显干燥缺水的顾客，须选择补水保湿类护肤品；在皮肤屏障功能良好的情况下，可适当使用美白祛斑类产品；使用激光等仪器或物理、化学换肤治疗的顾客，因皮肤屏障受损，有可能造成皮肤干燥、敏感等问题，所以须选择补水、保湿、修复皮肤防御屏障的护肤品。

二、色斑皮肤行为干预

（一）行为因素分析

色斑皮肤的形成与顾客日常的一些行为因素密切相关。居家管理时，应结合色斑皮肤的成因，对顾客的行为因素进行分析，找到影响色斑皮肤恢复的因素并教会顾客规避的方法，才能帮助顾客尽快恢复健康的皮肤状态。

1.不重视防护、防晒

紫外线是形成和加重皮肤色斑的重要因素，同时还可以造成皮肤老化。有些顾客没有建立正确的防护、防晒观念，如只在夏季涂抹防护、防晒产品，或在阳光照射强烈时只涂抹防护、防晒产品，从不做物理遮挡等，都会导致色斑形成或加重。

2.不正确的清洁

过度清洁或频繁去角质都能破坏皮脂膜、损伤角质层，使角质层变薄，破坏皮肤的屏障功能，导致皮肤的含水量下降，色素代谢失调。例如，常年洗脸力度过大，使用清洁力强的产品，使用洁面工具等行为。

3.不正确的护肤

有的顾客认为采用过度拍打或摩擦方法可以提高皮肤的吸收能力，有的顾客认为多贴面膜可以补充皮肤水分。任何护肤方法都应该在保护皮肤屏障功能的基础上实施，所以任何破坏皮肤屏障功能的护肤方法都是不可取的。过度拍打、摩擦皮肤及不正确的贴面膜方法都会破坏皮脂膜、损伤角质层，导致皮肤的含水量下降，色素代谢失调。

4.不良的生活习惯

很多色斑皮肤的顾客有蒸桑拿、泡热水浴的习惯，在高温下，皮肤水分易流失，造成皮肤干燥，色斑加重。有的顾客饮食不注意，吃完感光类食物，又去晒太阳，也容易导致色斑加重。除此之外，吸烟、过度饮酒等不良嗜好也同样会导致色斑加重。

5.不良的情绪因素

色斑皮肤尤其是黄褐斑皮肤与内分泌失调有关，内分泌失调会引起不良情绪，不良情绪又会进一步加重内分泌失调，导致色斑问题加重。

（二）正确行为习惯的建立

遵循正确行为习惯对皮肤的改善至关重要。居家行为习惯直接影响了皮肤功能的恢复，正确行为习惯的养成需要一个时间过程，就像我们想瘦身，需要长期坚持在饮食结构和运动方面做出改变，如果我们坚持得很好，效果就比较明显，如果我们无法遵守，那瘦身就只能是一个美好的愿望了。色斑皮肤调理亦是如此。

① 做好防护、防晒。减少紫外线照射的同时还需要做好物理防护，如打伞、戴帽子、穿防晒服等。

② 避免刺激。避免过度风吹，避免在燥热的环境长时间停留，例如，洗澡时间过长或蒸桑拿、汗蒸等。

③ 注意饮食管理。食用感光类食物（如香菜、芹菜、菠菜、柠檬等）后避免日晒，多吃抗氧化食物，如紫甘蓝、沙棘、蓝莓、葡萄等。

④ 规律护肤。规律护肤是皮肤保持健康、稳定状态的基础，建立规律护肤的习惯也是皮肤状态改善的关键。

⑤ 规律作息。保证睡眠充足不熬夜，好的睡眠有助于皮肤的新陈代谢。

⑥ 保持愉悦的心情。对于心理负担较重的顾客要耐心疏导和积极鼓励，引导顾客保持乐观的情绪，积极配合调理，才能获得最佳的效果。

（三）居家护肤指导

1.正确洗脸方法

洁面时水温不宜过高，手法力度轻柔，减少皮肤摩擦，以保护角质层，避免破坏皮肤屏障。

2.正确洗澡方法

洗澡时，先用温凉水将面部润湿，均匀涂抹微脂囊包裹的且轻薄透气的精华油于面部。仰头洗头发，避免喷头热水直冲面部。清洁面部时，需将水温调至温凉水，洗完澡后正常护肤。

洗澡注意事项：

① 洗澡水温不宜过高，晚上规律洗澡。

② 洗澡时不开浴霸，建议洗澡时间在15min左右。

③ 洗澡前后不宜敷面膜，洗澡后第一时间护肤，滋润保湿的膏霜产品用量加大。

④ 洗澡后避免因饮食、情绪激动、运动等行为造成皮肤红、热。

三、色斑皮肤居家管理注意事项

色斑皮肤居家管理前，与顾客的沟通要科学、客观、真实，切忌夸大效果，避免使用绝对化的语言，以免提高顾客对于色斑调理的诉求，造成实际效果与预期效果不符的问题。色斑皮肤调理过程中，其行为因素会直接影响色斑调理的效果，所以居家管理前一定要与顾客在美容观上达成一致，做好行为干预。

① 须与顾客达成皮肤改善阶段性目标的共识，循序渐进地改善皮肤的色斑问题。

② 须加强顾客防护、防晒意识。紫外线照射会直接导致色斑的加重，所以尽量避免在紫外线照射强的时间段外出，顾客在涂抹防护、防晒产品的基础上，还需要做好物理遮挡。

③ 须指导顾客慎重选择与使用美白祛斑类功效性产品。

④ 须与顾客约定在居家管理过程中及时反馈皮肤状态变化的信息。

⑤ 须与顾客及时总结皮肤改善的要素及方法，以避免皮肤色斑问题反复出现。

【想一想】 色斑皮肤居家管理有哪些方面？

【敲重点】 1. 色斑皮肤居家产品的选择原则。

2. 色斑皮肤行为干预。

3. 色斑皮肤居家管理的注意事项。

第三节　色斑皮肤院护管理

色斑皮肤院护管理可以通过补充皮肤水分及有效成分，抑制酪氨酸酶活性，加快色素代谢，改善色斑。本节主要讲解黄褐斑的院护管理。

一、色斑皮肤院护产品选择原则

一般来说，院护产品的有效成分较居家产品含量更高，种类更全。美白祛斑类产品多用于黄褐斑、炎症后黑变病、肤色暗沉等皮肤问题。同时，因上述皮肤问题多伴有皮肤干燥，因此院护时，需在皮肤保湿、皮肤屏障功能健康的前提下，再合理选用美白祛斑类产品，辅助调理皮肤色沉问题。但在使用含有美白成分产品的同时，也还需加强皮肤的滋润与保湿，因为有些美白成分易造成皮肤干燥，皮肤防御能力低下，从而导致皮肤色斑更加严重，所以护理后皮肤的保湿与防护格外重要。

二、色斑皮肤院护操作

（一）护理重点及目标

提高角质层含水量，提升皮肤滋润度、光泽度，修复皮肤防御屏障，改善皮肤吸收功能，促进新陈代谢，淡化色斑。

（二）院护基本操作流程

1. 软化角质

先用温凉水将面部润湿，均匀涂抹微脂囊包裹的且轻薄透气的精华油于面部，使皮肤达到湿润柔软的状态。

2. 清洁

取适量洁面产品，均匀地涂在脸上清洁即可，不要过度摩擦皮肤。

3. 补水、导润

滋润皮肤。取适量产品，在双手匀开，轻柔慢缓将产品在面部抹至吸收。注意不要在同一位置反复导润。

4. 按摩

将产品均匀涂抹于面部及颈部，按摩时间在10min以内，按摩时要有足够的介质，避免过度摩擦、牵拉皮肤。

5. 导润

锁水、保湿、美白皮肤。取适量产品，在双手匀开，轻柔慢缓将产品在面部抹至吸收。

6. 皮膜修护

选用微脂囊包裹的且轻薄透气的精华油涂于面部，帮助加强皮脂膜的锁水能力。

7. 敷面膜

使用粉状、片状等类型面膜，根据不同面膜类型操作要求进行敷面膜护理，敷面膜时间不宜过长，避免面膜风干，一般敷膜时间在15min以内。

8. 护肤与防护

依次涂抹保湿与防护产品，加强皮肤的保湿与防护。

三、色斑皮肤院护管理注意事项

① 院护前需了解顾客的近期美容史和居家产品使用情况。

② 院护前对顾客的皮肤进行辨识与分析，根据顾客皮肤的状态制定并实施护理方案。

③ 建议下午或晚间做院护。

④ 院护时避免力度过重而加重皮肤色斑。

⑤ 院护后涂抹的产品保湿度要比平时高一些，帮助皮肤锁住营养和水分。

⑥ 院护后需使用物理防护产品（不使用防晒及彩妆产品，顾客晚间回家可不洁面）。

⑦ 院护后当天不宜洗澡。

⑧ 院护后避免皮肤出现红、热的情况，如：运动、风吹、吃火锅及辛辣刺激性食物等。

⑨ 院护后次日早晨，可用清水洁面，膏霜剂型产品用量可加大。

【想一想】 色斑皮肤院护管理有哪些方面？

【敲重点】 1. 色斑皮肤院护基本操作流程。
2. 色斑皮肤院护管理注意事项。

第四节 皮肤管理方案制定案例——色斑皮肤

安徽的余女士，46岁，皮肤受黄褐斑问题的困扰已经有八年了。她的皮肤晦暗，肤色不均匀，面颊黄褐斑严重，使用过很多祛斑产品，也在美容机构做过各种祛斑项目，但皮肤黄褐斑问题一直没有得到解决，反而感觉一年比一年严重。经朋友介绍，她认识了一名皮肤管理师，皮肤管理师运用视像观察法对余女士的皮肤进行了辨识与分析，见表5-1。

皮肤管理师在对余女士的皮肤进行辨识与分析时，详细了解了她的美容史和她的日常护肤习惯。了解到余女士平时不注意防护、防晒，但经常会做美白祛斑类仪器项目，还会在家敷各种美白面膜，见表5-2。

表 5-1　皮肤分析表（一）

编号：********　　　　　　　　　　　　　　　　　　　　皮肤管理师：付 **

<table>
<tr><td rowspan="8">基本信息</td><td>姓名</td><td>余 **</td><td>联系电话</td><td>137********</td><td rowspan="9">皮肤管理案例——色斑皮肤</td></tr>
<tr><td>出生日期</td><td>19** 年 ** 月 ** 日</td><td>职业</td><td>企业经理</td></tr>
<tr><td>地址</td><td colspan="3">安徽省广德市 *** 小区</td></tr>
<tr><td>客户来源</td><td colspan="3">☑ 转介绍 □自媒体 □大众媒体
□其他 ______</td></tr>
<tr><td>工作环境</td><td colspan="3">☑ 室内 ☑ 计算机 □室外 □粉尘
□燥热 □湿冷 □其他 __________</td></tr>
<tr><td>生活习惯（自述）</td><td colspan="3">1. 洗澡周期与时间：每天洗澡 1 ～ 2 次，每次洗澡时间在 20min 以上
2. 顾客自述：皮肤晦暗，容易干燥，色斑明显</td></tr>
<tr><td colspan="4"></td></tr>
<tr><td colspan="4"></td></tr>
<tr><td rowspan="16">皮肤辨识信息</td><td>皮肤基础类型</td><td colspan="3">□中性皮肤 ☑ 干性皮肤
□油性皮肤 □油性缺水性皮肤</td></tr>
<tr><td>角质层厚度</td><td colspan="2">□正常 ☑ 较薄 □较厚</td><td>光泽度</td><td>□好 ☑ 一般 □差</td></tr>
<tr><td>皮脂分泌量</td><td colspan="2">□适中 ☑ 少 □多</td><td>毛孔</td><td>☑ 细小 □局部粗大
□粗大</td></tr>
<tr><td>毛孔堵塞</td><td colspan="2">☑ 无 □少 □多</td><td>毛细血管扩张</td><td>□无 ☑ 轻 □重</td></tr>
<tr><td>肤色</td><td colspan="2">□均匀 ☑ 不均匀</td><td>柔软度</td><td>□好 ☑ 一般 □差</td></tr>
<tr><td>湿润度</td><td colspan="2">□高 □一般 ☑ 低</td><td>光滑度</td><td>□好 ☑ 一般 □差</td></tr>
<tr><td>弹性</td><td colspan="2">□好 ☑ 一般 □差</td><td>肤温</td><td>□微凉 ☑ 略高</td></tr>
<tr><td>自觉感受</td><td colspan="4">□无（舒适） □厚重 ☑ 热 □痒 ☑ 紧绷 □胀 ☑ 刺痛</td></tr>
<tr><td>肌肤状态</td><td colspan="4">□健康 ☑ 不安定 ☑ 干燥 □痤疮 ☑ 色斑 □敏感 □老化
□其他 _______</td></tr>
<tr><td>痤疮</td><td colspan="4">☑ 无 □黑、白头粉刺 □炎性丘疹 □脓疱 □结节 □囊肿 □瘢痕</td></tr>
<tr><td>色斑</td><td colspan="4">□无 ☑ 黄褐斑 □雀斑 □ SK（老年斑） □ PIH（炎症后黑变病）
□其他 _______</td></tr>
<tr><td>敏感</td><td colspan="4">□无 ☑ 热 □痒 ☑ 紧绷 □胀 ☑ 刺痛 □红斑 □丘疹
□鳞屑 □其他 _______</td></tr>
<tr><td>老化</td><td colspan="4">□无 ☑ 干纹 ☑ 细纹 □表情纹 □松弛、下垂 □其他 _______</td></tr>
<tr><td>眼部肌肤</td><td colspan="4">□无 ☑ 干纹 ☑ 细纹 ☑ 鱼尾纹 ☑ 黑眼圈 □眼袋 □松弛、下垂
□其他 _______</td></tr>
</table>

表 5-2 皮肤分析表（二）

编号：******** 顾客姓名：余 ** 皮肤管理师：付 **

<table>
<tr><td>美容史</td><td colspan="3">1. 过敏史 □有 ____________ ☑无
2. 护理周期 □定期 ________ ☑不定期 ________ □无
3. 顾客自述：皮肤较干燥，冷热刺激时皮肤容易发红发热，皮肤色斑比较重。尝试过各种美白祛斑类仪器项目，也经常在家敷美白面膜，但感觉色斑一年比一年重</td></tr>
<tr><td colspan="4">皮肤管理前居家护肤方案</td></tr>
<tr><td colspan="4">原居家产品使用：（顺序、品牌、剂型、作用、用法、用量、用具）</td></tr>
<tr><td>晚</td><td>1.H 品牌泡沫洁面
2.H 品牌水
3.H 品牌乳液
4.H 品牌霜
5.S 品牌面膜</td><td>早</td><td>1.H 品牌泡沫洁面
2.H 品牌水
3.H 品牌乳液
4.H 品牌霜
5.H 品牌防晒
6.C 品牌气垫粉底</td></tr>
<tr><td colspan="4">皮肤管理前洗澡后的皮肤状态：
皮肤有紧绷感，皮肤红热</td></tr>
<tr><td colspan="4">皮肤管理前季节、环境、生活习惯变化后皮肤状态：
夏季色斑非常重，环境干燥时，皮肤红热现象特别明显</td></tr>
<tr><td colspan="4">原居家护理后的皮肤状态：
涂抹产品时，皮肤偶尔有刺痛感</td></tr>
<tr><td colspan="4">原院护后的皮肤状态：
院护后皮肤红热，皮肤感觉干燥，有时还有轻度脱屑现象</td></tr>
<tr><td colspan="4">顾客签字：余 **
皮肤管理师签字：付 **
日期：20** 年 ** 月 ** 日</td></tr>
</table>

经过对余女士皮肤的全面分析，皮肤管理师为余女士制定了皮肤护理方案，见表 5-3。

表 5-3　皮肤护理方案表

编号：********　　　　皮肤管理师：付 **

<table>
<tr><td colspan="2">姓名：余 **</td><td>电话：137********</td><td colspan="2">建档时间：20** 年 ** 月 ** 日</td></tr>
<tr><td colspan="5">顾客美肤需求：解决皮肤黄褐斑问题</td></tr>
<tr><td colspan="5">皮肤管理后居家护理方案</td></tr>
<tr><td colspan="5">现居家产品使用：(顺序、品牌、剂型、作用、用法、用量、用具)</td></tr>
<tr><td>晚</td><td colspan="2">1.REVACL 水润清颜乳
2.REVACL 凝莳新颜液
3.REVACL 凝莳新颜乳
4.REVACL 凝莳新颜霜
注：每天洗澡时使用 REVACL 肌源精华油滋润面部皮肤</td><td>早</td><td>1. 清水洁面
2.REVACL 凝莳新颜液
3.REVACL 凝莳新颜乳
4.REVACL 凝莳新颜霜
5.REVACL 护颜美肤霜
6.REVACL 肌源护肤粉</td></tr>
<tr><td colspan="5">行为干预内容：
1. 清洁或洗澡时水温不宜过高，使用温凉水洁面
2. 停止仪器类项目护理，暂停使用美白面膜
3. 避免冷热刺激，避免在燥热的环境下长时间停留
4. 注意防护、防晒，涂抹物理防护、防晒产品的同时注意物理避光，例如：打伞或戴帽子等
5. 食用感光类食物后避免日晒</td></tr>
<tr><td colspan="5">院护方案</td></tr>
<tr><td colspan="5">目标、产品、工具及仪器的选择（院护项目）</td></tr>
<tr><td colspan="5">1. 目标：解决皮肤黄褐斑问题
2. 产品、工具及仪器（院护项目）：色斑皮肤院护项目
（1）产品：色斑皮肤院护项目所需系列产品
① 氨基酸表面活性剂洁面产品
② 滋润度与保湿度兼具的膏霜产品
③ 皮膜修护产品
④ 补水、润白面膜产品
（2）工具及仪器：无</td></tr>
<tr><td colspan="5">操作流程及注意事项</td></tr>
<tr><td colspan="5">1. 操作流程
（1）软化角质；（2）清洁；（3）补水、导润；（4）按摩；（5）导润；（6）皮膜修护；（7）敷面膜；（8）护肤与防护
2. 注意事项
（1）建议下午或晚上做院护
（2）院护洁面前需先将脸润湿，均匀涂 REVACL 肌源精华油于面部，使皮肤达到湿润柔软的状态后再进行洁面
（3）当顾客自觉有刺痛感时不宜做按摩
（4）院护后需使用物理防护产品（不用防晒及化妆品，晚间回家可不洁面）
（5）院护后当天不洗澡
（6）院护后避免皮肤出现红、热的情况，如：运动、风吹、吃火锅及辛辣刺激性食物等
（7）院护后次日早晨，用清水洁面，膏霜剂型产品用量加大</td></tr>
<tr><td colspan="5">院护周期：15 天 / 次</td></tr>
<tr><td colspan="5">顾客签字：余 **

皮肤管理师签字：付 **

日期：20** 年 ** 月 ** 日</td></tr>
</table>

余女士了解了自己皮肤黄褐斑的成因，与皮肤管理师达成共识，共同配合有效实施了皮肤管理方案，90天后，余女士皮肤黄褐斑问题得到了明显的改善，由于余女士有了更高的美肤需求，所以进行了下一步院护预约。见表5-4。

表 5-4　护理记录表

编号：********　　　　皮肤管理师：付 **

姓名：余 **				电话：137********		
序号	日期	护理内容（居家护理 / 院护项目）	皮肤护理前状态	皮肤护理后状态	回访时间、院护预约时间 / 顾客、皮肤管理师签字	回访反馈 / 方案调整 / 行为干预
1	20**.9.6	□居家护理 ☑ 院护 色斑皮肤一阶段护理	皮肤干燥，面颊红热，肤色晦暗，色斑较重	皮肤滋润，红热现象明显改善	回访时间： 20**.9.7、20**.9.10 院护预约时间：20**.9.21 顾客签字：余 ** 皮肤管理师签字：付 **	回访反馈：20**.9.7 回访，院护后皮肤没有出现红热现象，皮肤滋润舒适 方案调整：/ 行为干预：注意防护、防晒，涂抹物理防护、防晒产品的同时注意物理遮挡，可选择打伞或戴帽子等方式
2	20**.9.10	☑ 居家护理 □院护	外出长途开车后，皮肤出现红热现象	调整霜的用量后，红热现象改善，皮肤滋润、舒适	回访时间：/ 院护预约时间：20**.9.21 顾客签字：/ 皮肤管理师签字：付 **	回访反馈：/ 方案调整：晚间护肤。其他护肤程序不变，霜的用量加大 行为干预：避免风吹，开车时需关闭车窗
3	20**.9.21	□居家护理 ☑ 院护 色斑皮肤一阶段护理	肤色晦暗，色斑较重	皮肤滋润、通透	回访时间：20**.9.22 院护预约时间：20**.10.7 顾客签字：余 ** 皮肤管理师签字：付 **	回访反馈：20**.9.22 回访，院护后皮肤滋润、舒适、透亮 方案调整：/ 行为干预：洗澡时注意水温不宜过高，时间不宜太长；勿使皮肤在洗澡过程中过于红或是热；假期游玩时，不建议蒸汗蒸、桑拿、泡温泉等

续表

姓名：余 **				电话：137********		
序号	日期	护理内容（居家护理 / 院护项目）	皮肤护理前状态	皮肤护理后状态	回访时间、院护预约时间 / 顾客、皮肤管理师签字	回访反馈 / 方案调整 / 行为干预
4	20**.10.7	□居家护理 ☑ 院护 色斑皮肤一阶段护理	皮肤滋润，柔软，色斑已有改善	皮肤通透，色斑变浅	回访时间：20**.10.8 院护预约时间：20**.10.25 顾客签字：余 ** 皮肤管理师签字：付 **	回访反馈：20**.10.8 回访，院护后皮肤滋润、通透、色斑变浅 方案调整：下次院护后可添加 REVACL 莹润焕颜霜，提高皮肤保湿度 行为干预：/
……	……	……	……	……	……	……
9	20**.12.17	□居家护理 ☑ 院护 色斑皮肤二阶段护理	皮肤通透，色斑问题已明显改善	皮肤白皙、滋润、柔软、有弹性	回访时间：20**.12.18 院护预约时间：20**.1.5 顾客签字：余 ** 皮肤管理师签字：付 **	回访反馈：20**.12.18 回访，院护后皮肤白皙、滋润、柔软、有弹性 方案调整：可调整为色斑皮肤三阶段护理 行为干预：/
……	……	……	……	……	……	……

【想一想】 如何为色斑皮肤顾客制定皮肤管理方案？

【敲重点】

1. 色斑皮肤顾客的皮肤分析表内容。
2. 色斑皮肤顾客的皮肤管理方案表内容。
3. 色斑皮肤顾客的护理记录表内容。

【本章小结】

色斑皮肤是美容常见的问题性皮肤之一，本章分析并介绍了色斑皮肤的成因及表现；给出了色斑皮肤居家和院护的管理方案，结合真实的皮肤管理案例，使学习者具备制定色斑皮肤管理方案的能力，为调理好顾客的色斑皮肤奠定了基础。

【职业技能训练题目】

一、填空题

1. 黑素小体是黑素细胞进行（　）的场所。
2. 很多色斑皮肤的顾客有蒸桑拿、泡热水浴的习惯，在高温下，皮肤水分易流失，造成皮肤（　），色斑（　）。
3. 色斑皮肤院护管理可以通过补充皮肤水分及有效成分，抑制（　），加快色素代谢，改善色斑。

二、单选题

1.（　）是指由于多种因素造成皮肤色素代谢失常，皮肤出现色素增多的一种损美性皮肤表现。

A. 色斑皮肤　　B. 痤疮皮肤

C. 敏感皮肤　　D. 老化皮肤

2.（　）的发生和发展是一个非常复杂、多因素参与、互相影响的过程，通过有效皮肤护理可得到改善。

A. 老年斑　　B. 太田痣

C. 颧部褐青色痣　　D. 黄褐斑

3. 在对色斑皮肤顾客进行院护操作时，要将产品均匀涂抹于面部及颈部，按摩时间应在（　）以内，按摩时要有足够的介质，避免过度摩擦、牵拉皮肤。

A.10min　　B.20min

C.30min　　D.40min

4. 色斑皮肤顾客在选择居家产品时，应避免选择（　）的清洁产品。

A. 质地温和的洁面产品　　B. 保湿类护肤产品

C. 速效美白祛斑产品　　D. 抗氧化口服产品

5. 在色斑皮肤顾客居家管理中，以下行为正确的是（　）。

A. 从不防晒　　B. 避免风吹

C. 过度清洁　　D. 经常汗蒸、桑拿

三、多选题

1. 黑素细胞的密度因部位而异，在（　）的分布密度较高。

A. 面部　　B. 腋窝

C. 乳晕　　D. 生殖器

E. 四肢

2. 能使表皮中巯基含量减少的因素，如（　）等均会增加色素的生成。

A. 皮肤炎症　　B. 紫外线照射

C. 维生素A缺乏　　D. 维生素D缺乏

E. 重金属

3. 以下关于色斑皮肤居家产品选择原则，描述正确的是（　）。

A. 清洁类产品应选择清洁力度强的产品，如洁面皂

B. 护肤类产品的选择，首先要从保湿入手

C. 居家护理中，坚持使用防护、防晒类产品

D. 使用祛斑类功效型产品时，需要配合使用修复屏障类产品，防止色斑问题反复出现

E. 可口服抗氧化、清除自由基、促进代谢类口服产品配合调理

4. 色斑皮肤顾客应注意饮食管理，应多吃以下哪些抗氧化食物（　）。

A. 柠檬　　B. 香菜

C. 沙棘　　D. 蓝莓

E. 葡萄

5. 以下哪些因素是影响黄褐斑产生的因素（　）。

A. 内分泌因素　　B. 遗传因素

C. 紫外线照射　　D. 自由基含量高

E. 皮肤屏障受损

四、简答题

1. 简述黄褐斑的表现。

2. 简述色斑皮肤顾客应建立哪些正确的行为习惯。

第六章 美容常见问题性皮肤——敏感皮肤

【知识目标】

1. 熟悉敏感皮肤居家管理和院护管理的注意事项。
2. 掌握敏感皮肤的成因、表现及鉴别诊断。
3. 掌握敏感皮肤居家产品及院护产品的选择原则。
4. 掌握敏感皮肤行为干预及院护基本操作流程。
5. 掌握敏感皮肤管理方案的内容和制定方法。

【技能目标】

1. 具备准确辨识敏感皮肤，及对顾客的行为因素进行分析的能力。
2. 具备正确指导敏感皮肤顾客进行居家管理的能力。
3. 具备熟练完成敏感皮肤院护管理的能力。
4. 具备制定敏感皮肤管理方案的能力。

【思政目标】

1. 培养探索未知、追求真理的责任感和使命感。
2. 培育敬业、精益、专注、创新的工匠精神。

【思维导图】

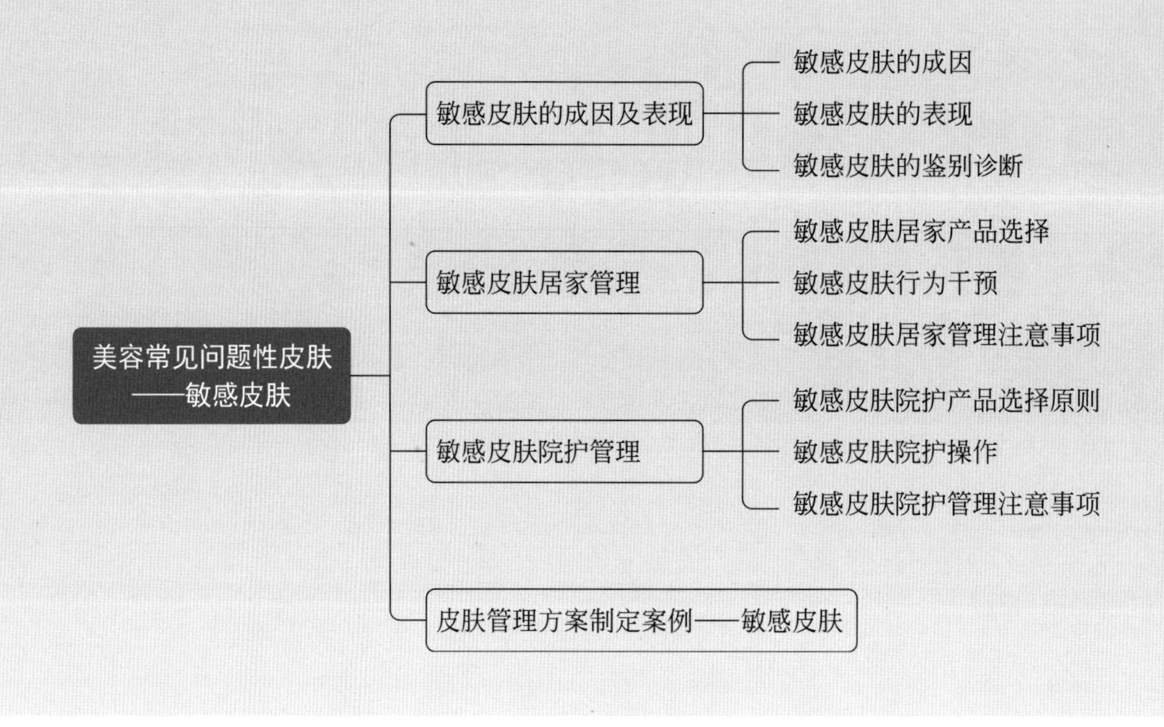

第一节　敏感皮肤的成因及表现

敏感皮肤是指皮肤脆弱、感受力强、抵抗力弱，容易受到外界各种刺激的影响而产生过敏，其主要特征表现为角质层薄、容易发红、时有痒感或小红疹出现等。

过敏是一种症状，指皮肤在受到过敏原的刺激后，机体的一种免疫过激反应，出现了红斑、丘疹、毛细血管扩张甚至渗出等视觉症状，以及瘙痒、刺痛、灼热、紧绷感等自觉症状。如图6-1所示。

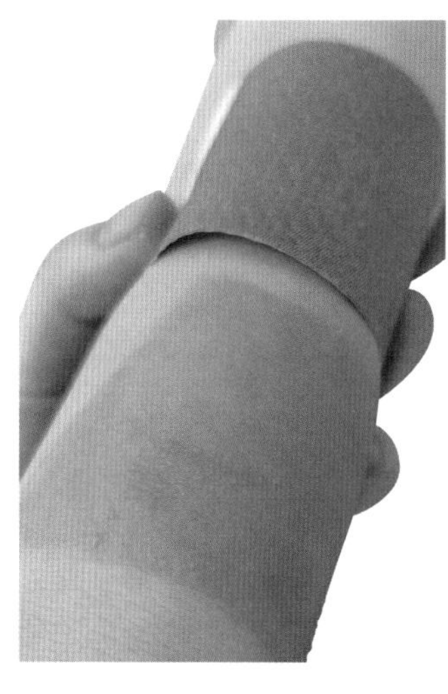

图 6-1　敏感皮肤与皮肤过敏

敏感皮肤已成为普遍的皮肤问题（图6-2），目前在全世界有25%～50%的人呈现为敏感皮肤。流行病学调查结果显示，近1/4的成年人认为自己是敏感皮肤。皮肤敏感与皮肤过敏有共性也有区别（表6-1）。

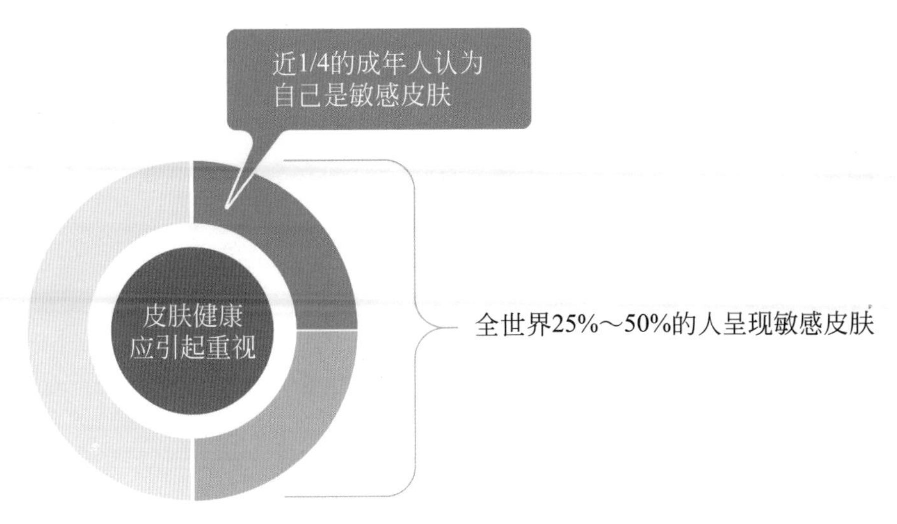

图6-2 敏感皮肤问题不容忽视

表6-1 敏感与过敏对比表

内容	敏感	过敏
简述	是一种皮肤状态，是对皮肤肤质的一种特殊分类，此种肤质皮肤的屏障功能往往较低，过敏的概率较高	是一种症状，是指皮肤在过敏原的作用下，机体的一种免疫过激反应。化妆品过敏往往指的是化妆品皮炎，是化妆品使用部位皮肤出现了红、肿、热、痛、丘疹、水疱等症状
特征及表现	皮肤较薄、脆弱、毛细血管显露，容易发红，且偶尔呈不均匀潮红，时有痒感或有小红疹出现	皮肤充血、发红、发痒，出现红疹甚至过敏性面疱，严重者水肿、脱皮
两者关系	敏感肤质过敏率较高，易发生过敏现象，但并不时刻处于过敏状态。如护理不当，常会出现红、热、痒等症状，或使用含激素类的外用药，则会转变为易过敏肌肤	易过敏肌肤有可能是偶尔过敏后引起，但大多数过敏肌肤前期多有敏感肌肤的症状。过敏多数是由敏感肤质发生，但并不排除正常肤质的过敏状态，只是发生率低。也就是说敏感皮肤易过敏，过敏皮肤不一定敏感

一、敏感皮肤的成因

敏感皮肤指皮肤在生理或病理条件下，机体内在因素和外界因素相互作用，引起皮肤屏障功能受损、皮脂膜的完整性破坏。主要发生于面部，其反应性强、耐受性差、皮肤易过敏。

下列因素都易导致皮肤敏感。

（一）内在因素

引起皮肤敏感的内在因素主要包括遗传、种族、性别、年龄及某些皮肤病等。

1.遗传

敏感皮肤有一定家族史。

2.种族

研究显示白人和亚洲人的皮肤易敏感。亚洲人非常容易对辛辣食物、温度变化和风出现高反应，并容易产生瘙痒。目前认为皮肤敏感程度的不同与肤色有关，肤色较浅者血管反应性强，较易发生皮肤敏感。

3.性别

研究显示女性较男性更易出现皮肤敏感，这与男性角质层略厚于女性有关，同时由于男女激素水平的差异，使女性易对外界刺激及炎症反应敏感。

4.年龄

年轻人比老年人更易出现皮肤敏感，与老年人皮肤感觉神经功能减退有关。

5.皮肤病

某些皮肤病可使皮肤敏感性增高，例如激素依赖性皮炎、化妆品皮炎、痤疮、玫瑰痤疮、接触性皮炎、特应性皮炎、日光性皮炎等，可致皮肤屏障功能受损，皮肤抵御外界刺激能力下降，引起皮肤敏感。反过来，皮肤敏感又可加重这些皮肤疾病。

（二）外在因素

大部分敏感皮肤会在化妆品使用不当、季节变化、日光、食物及外界环境等影响下呈现敏感状态。

1.化妆品

敏感皮肤的人容易出现对化妆品不耐受，某些化妆品中所含的香料、色素、防腐剂、酒精、石油系表面活性剂等原料可致皮肤敏感。

2. 季节变化

季节变化会影响皮肤状态，如冬季气温低，皮脂腺分泌功能减弱，空气湿度较低，角质层含水量降低，皮肤易敏感；春季花粉较多，夏季气温偏高也易引起皮肤敏感。

3. 日光

有学者研究表明，日光可引起皮肤敏感。紫外线可致皮肤损伤，使血清和表皮中白介素含量增加，激活细胞黏附因子，局部炎性细胞浸润，各种炎症介质释放，特别是组胺、前列腺素和激酶，使皮肤产生炎症反应，而一氧化氮可以引起面部毛细血管扩张，从而引起皮肤敏感。

4. 食物及其他

研究表明，羊肉、虾、牛奶、螃蟹、海鱼等高蛋白质食物可诱发部分人群皮肤敏感。同时，灰尘、螨虫、羽毛等外界因素也易引起皮肤敏感。

5. 医源性因素

果酸换肤、光子嫩肤、激光治疗等都会对皮肤屏障造成一定的损伤，如果术后不注意修护，皮肤屏障未能恢复正常的结构和功能，也会遭受皮肤敏感的困扰。

二、敏感皮肤的表现

敏感皮肤的典型表现为皮肤泛红，干燥紧绷，有热、痒、针刺感，严重的会出现小红疹等。

敏感皮肤多伴有肤色不均，表现为炎症褪去容易留下印痕或斑点。单纯敏感皮肤多无其他并发症。

敏感皮肤在平静、无刺激反应的时候皮肤看起来“白里透红”，常常被误认为“皮肤很好”，但自己经常有自觉症状，非常苦恼。

三、敏感皮肤的鉴别诊断

（一）接触性皮炎

接触性皮炎是接触外源性刺激物或致敏物所引起的皮肤炎症反应。可分为刺激性接触性皮炎和变应性接触性皮炎。刺激性接触性皮炎是指接触物本身具有强烈刺激性

（如接触强酸、强碱等化学物质）或毒性，任何人接触该物质均可发病。某些物质刺激性较小，但一定浓度下接触一定时间也可致病。

变应性接触性皮炎是指接触物本身无刺激性或毒性，多数人接触后不发病，仅少数人接触后经过一定的潜伏期，在接触部位皮肤发生炎症。

（二）换肤综合征

采用物理或化学方法使皮肤角质层强行剥脱，以促进新的细胞更替，使皮肤光滑细腻富有光泽，治疗后皮肤看起来焕然一新，因此称这类美容技术为“换肤术”。但是过度的换肤术、术后护理不当会导致皮肤敏感，出现色素沉着、痤疮，甚至毛细血管扩张、皮肤老化、瘢痕等后遗症，称为换肤综合征，主要见于以下情况。

1.过度剥脱表皮

皮肤的表皮有正常的生理代谢周期，很多人频繁地“去死皮”“美白”等，使皮肤角质层被过度剥脱，表皮基底层细胞更新周期节律打乱。虽然角质层的强行剥脱产生的刺激信号早期可能促进基底细胞的增殖，但频繁的刺激使表皮更新功能失代偿，难以弥补角质层剥脱的损伤，角质层结构受到破坏，皮肤屏障受损，对外界抵御能力降低，各种外界环境因素如灰尘、日光、微生物等抗原侵入皮肤，产生红斑，毛细血管扩张，甚至发生炎症反应及色素沉着等。

2.使用不合格美容产品

一些不合格的美容产品中除了掺入大剂量的剥脱剂外，还掺有糖皮质激素、铅、汞等成分，具有暂时性美白效果。但一段时间后，皮肤屏障受损，出现敏感、色沉、老化等表现，对皮肤造成极大伤害。

3.不正确的美容护理操作

目前的美容行业从业人员水平参差不齐，对皮肤的基本结构、皮肤类型、皮肤疾病没有足够的认识，对常见的美容问题性皮肤缺乏诊治技能，在院护中去角质类美容仪器使用不当、换肤术操作不当等。

4.换肤术后处理不当

换肤术后不注意修复受损皮肤屏障及防晒，皮肤抵御外界能力下降，这时皮肤易出现红斑、毛细血管扩张、色沉等现象。

（三）激素依赖性皮炎

激素依赖性皮炎，是指面部长期外用糖皮质激素治疗皮肤病或使用含糖皮质激素化妆品护肤，想达到“特效嫩肤、美白”的效果，而产生了依赖。一旦停用会导致原有皮肤问题复发，加重或出现新的皮损。本病具有多形态皮损、反复发作等特点，严重影响患者的容貌及身心健康。

【想一想】 敏感皮肤与过敏皮肤有哪些不同？

【敲重点】 1. 敏感皮肤的成因及表现。
2. 敏感皮肤的鉴别诊断。

第二节 敏感皮肤居家管理

敏感皮肤的居家管理是指在日常护肤中，通过规避对敏感皮肤产生不良影响的系列因素，包括环境因素、行为习惯因素、饮食因素等；通过指导顾客选择与使用适合的产品，逐渐养成正确的护肤习惯，树立科学的美容观念，从而使顾客皮肤保持稳定，使其皮肤恢复健康功能的过程。

敏感皮肤的产生不是独立、简单的，而是由复杂、综合的原因造成的，是内在因素与外在因素分别或共同作用下产生的一种皮肤状态。敏感皮肤有一个共同的表现，就是皮肤屏障功能降低，免疫反应增强，少量抗原即会使皮肤产生较强的敏感反应。因此敏感皮肤在同样的环境中，在同样的刺激因素作用下，比正常皮肤更易出现敏感现象。而且大部分敏感皮肤在调理的初始，因皮肤屏障功能受损，并不能正常接受院护，这时皮肤的居家管理就变得尤为重要。即使后期随着皮肤屏障功能的恢复，可以接受正常的院护，皮肤的居家管理也是非常重要的。敏感皮肤的居家管理应以帮助皮肤保湿、锁水、修复皮肤屏障功能为主，并通过与顾客的专业沟通使其了解影响敏感皮肤恢复健康的重要因素，保持情绪稳定，做好行为干预，这样才能使皮肤恢复健康。

一、敏感皮肤居家产品选择

（一）居家产品的选择原则

敏感皮肤的产品选择比其他任何类型皮肤都要慎重，总的原则是安全无刺激。选择正确、适合的居家产品能够帮助皮肤补充充足的水分及营养，逐渐恢复皮肤的屏障功能，增强皮肤的免疫防御能力。反之，居家产品选择不当，皮肤的敏感现象则会加剧。

1.清洁产品的选择

敏感皮肤多伴有皮肤干燥，屏障功能受损，应选择温和无刺激的氨基酸表面活性剂洁面产品，谨慎使用卸妆类产品，因卸妆类产品大多含有石油系表面活性剂，会对角质层造成伤害。注意清洁时需力度柔和，切记不可去角质或过度摩擦皮肤。

2.护肤类产品的选择

调理初期慎用乳剂型产品，可选择非功效型保湿类的产品，禁用含酒精或抗敏药物成分的水剂，建议选择可以给皮肤补充脂质的微乳剂产品（注：如皮肤有刺痛感，可暂缓使用水剂、乳剂产品）；调理中后期可根据皮肤状态选择安全温和的乳剂产品。

选择滋润度与保湿度兼具且基质轻薄透气的膏霜产品，帮助皮肤补充营养的同时，锁住水分，以利于皮肤屏障功能的修复。

3.防护、防晒产品的选择

敏感皮肤的屏障功能受损，因此防护、防晒对于敏感皮肤尤为重要，需要选择不加重皮肤负担的防护产品，建议选择可平衡皮肤水油的温和无刺激的物理防护产品并做好物理避光，以利于皮肤屏障功能的恢复。

4.其他类产品的选择

敏感性皮肤可通过选择安全无刺激的护肤品，配合行为干预，使皮肤恢复至健康状态。皮肤屏障功能的恢复需要一定的时间，建议敏感皮肤在没有恢复至健康状态前，不使用面膜类产品。

（二）改善敏感皮肤居家产品的常见功效性成分

敏感皮肤居家产品中大多会添加消炎、收敛作用的成分，简单介绍如下。

① 炉甘石。有缓和的收敛和护肤作用，常用于化妆品和外用药品。

② 北美金缕梅提取物。其提取物有抗炎、消毒、收敛的作用。

③ 红没药醇。有止痛、缓和刺激和抗过敏作用，对敏感性皮肤或儿童皮肤均有护肤效应。

④ 马齿苋提取物。其提取物具有广谱的抗菌性，又有消炎作用，可防治皮肤湿疹、过敏性皮炎、接触性皮炎等皮肤病。

⑤ 芍药根提取物。其提取物是作用较广泛的抗炎剂和过敏的抑制剂。

⑥ 羟基酪醇。强抗氧化，抑菌消炎。

⑦ 褐藻多糖。促进神经酰胺生成，抑制炎症，保护血管。

⑧ 茶多酚。抗氧化，调节细胞增殖，抑制炎症因子。

⑨ 牡丹酚苷。天然抗过敏功效，消炎、抗菌。

⑩ 硬脂醇甘草亭酸酯。具有抗菌、消炎、抗氧化、抗衰老等作用，还可以减轻化妆品或其他因素对皮肤的毒副作用。

在做好保湿的基础上，研发抗敏产品配方的主要策略是重建皮肤屏障功能，逐渐恢复皮肤自身的健康功能，以达到改善皮肤敏感的目的。

（三）居家管理方案调整原则

敏感皮肤所有产品的选择都要关注成分安全、温和，不选择对皮肤有刺激、有负担成分的产品，如磨砂剂、酒精、香精香料、色素、石油系表面活性剂、药物成分等，以选择滋润、保湿、修复皮肤屏障等作用的产品为主，使皮肤达到舒适的状态。如皮肤有刺痛感，以保湿类膏霜剂型产品为主。此外，应谨慎选择或使用粉底、隔离、防晒及彩妆等化妆品。

二、敏感皮肤行为干预

（一）行为因素分析

敏感皮肤在人群中所占的比例逐年升高，这与人们平时的一些错误护肤习惯密切相关，如果这些错误的习惯得不到纠正，敏感的现象就会反反复复，迁延不愈。那么对于敏感皮肤来讲，能够使皮肤镇静舒缓、增强皮肤自身锁水能力、恢复皮肤健康防御屏障的行为习惯尤为重要。

1.不正确的清洁

顾客长期清洁力度过大或使用去角质产品及洁面仪进行清洁，都易造成皮肤屏障的损伤，诱发皮肤敏感。

2.不正确的护肤

敏感皮肤顾客皮肤的耐受性差，某些功效型产品会对皮肤有一定的刺激，不利于皮肤屏障功能的恢复；产品的不正确使用也会使皮肤敏感更加严重。

3.不重视防护、防晒

有些顾客因皮肤敏感，使用防晒产品会觉得皮肤不舒适，因此忽略了防护、防晒的重要性。而敏感皮肤因其屏障功能受损，皮肤自我保护功能变弱，被晒后肤温增高敏感现象会加剧；阳光中的紫外线也极易使敏感皮肤留下色沉。

4.不良的生活习惯

很多敏感皮肤顾客，有洗热水澡、蒸桑拿、喜食刺激性食物及海鲜等高蛋白质食物的习惯，这些行为都会加重皮肤的敏感现象。

5.不良的情绪因素

很多顾客皮肤敏感的发生和发展都伴随不良情绪因素影响。因敏感皮肤常伴有热、痒、紧绷、刺痛等皮肤自觉症状，这些都会使顾客出现紧张、焦虑甚至抑郁等不良情绪，使得皮肤敏感不易恢复。

（二）正确行为习惯的建立

不当的行为因素会影响敏感皮肤的恢复，甚至加重敏感现象，因此敏感皮肤的日常行为干预是促使敏感皮肤恢复健康的重要因素，主要有以下方面。

（1）正确清洁　清洁时避免水温过高，用温凉水洁面；避免过度清洁；避免使用洁面仪；避免过度摩擦皮肤，清洁手法需轻柔、慢缓。

（2）做好防护、防晒　尽量不在紫外线照射强烈的时间外出，做好物理避光，例如：打伞、戴帽子等。

（3）避免刺激　当皮肤出现敏感现象时，应避免易导致皮肤红、热、出汗等使皮肤敏感状态加剧的行为，例如：

① 避免饮酒；避免食用辛辣、刺激食物；避免食用海鲜、羊肉等发物；避免吃过热食物，尤其是吃火锅、热粥、热汤等有蒸汽食物。

② 避免长时间咀嚼，例如：吃口香糖、瓜子等。

③ 避免出席人多的场所，例如：聚会、包房吃饭等。

④ 避免长时间讲话及手机贴面接打电话。

⑤ 避免过度风吹，包括空调风、开车时车窗吹入的风等。

⑥ 避免在燥热的环境长时间停留，例如，洗澡时间过长或蒸桑拿、汗蒸、泡温泉等。

⑦ 避免做剧烈运动。

（4）规律护肤　敏感性皮肤适应季节变化和环境变化的能力较弱，皮肤稳定性较差，因此应首先要确保规律性护肤，才能让皮肤状态保持相对稳定。

（5）规律作息　保证睡眠充足不熬夜。好的睡眠有助于皮肤的新陈代谢和自我修复。

（6）保持愉悦的心情　日常生活中应避免急躁、激动等。

（三）居家护肤指导

1. 正确洗脸方法

洁面时水温不宜过高，力度不宜过重，时间不宜过长。皮肤有自觉症状时，早晨可以考虑用清水洁面。

2. 正确洗澡方法

洗澡时，先用温凉水将面部润湿，均匀涂抹微脂囊包裹的且轻薄透气的精华油于面部。仰头洗头发，避免喷头热水直冲面部。清洁面部时，需将水温调至温凉水，洗完澡后正常护肤。

洗澡注意事项：

① 洗澡水温不宜过高，晚上规律洗澡。

② 洗澡时不开浴霸，建议洗澡时间在15min以内。

③ 洗澡后第一时间护肤。

④ 洗澡后避免因饮食、情绪激动、运动等行为造成皮肤红、热。

⑤ 皮肤自觉症状严重时，当天不建议洗澡。

三、敏感皮肤居家管理注意事项

敏感皮肤的形成一般与顾客长期的护肤习惯及所使用的护肤品有关，有害物质的过量累积及错误的护肤行为最终对皮肤造成刺激性伤害。所以居家管理前一定要与顾客在美容观上达成一致，做好行为干预。

① 须加强顾客防护、防晒意识。如在户外或紫外线照射较强的区域，需尽量减少皮肤暴露于紫外线的时间，应做好物理防护，以物理遮挡为主。

② 须提醒顾客避免在温度过高或过低环境长时间停留，以免造成皮肤干燥，导致敏感现象加剧。

③ 须提醒顾客居家环境应保持适宜的湿度。因环境湿度较低时，皮肤容易干燥，会使敏感症状更加严重。

④ 敏感皮肤的调理受个人行为习惯的影响较大，皮肤出现波动时，应先找到诱发因素再确定是否调整方案。

⑤ 须提醒顾客及时反馈与总结。敏感皮肤的调理与其他皮肤的不同之处在于皮肤状况变化较复杂，因此需要顾客主动反馈，及时发现顾客调肤过程中的不当行为因素；同时，帮助顾客养成主动总结的习惯，规避护肤误区，变被动为主动，将正确护肤理念真正融入日常生活中，以防止皮肤敏感问题反复发生，使皮肤恢复健康。

【想一想】 敏感皮肤居家管理有哪些方面？

【敲重点】

1. 敏感皮肤居家产品的选择原则。
2. 敏感皮肤行为干预。
3. 敏感皮肤居家管理的注意事项。

第三节　敏感皮肤院护管理

对于敏感皮肤，应该选择正规的皮肤管理机构进行专业的护理。因为一旦美容护理方法不得当，很容易刺激皮肤，令皮肤敏感现象加重甚至受到严重的损害。对于已经出现敏感现象的顾客，也不要太着急，只要掌握好敏感皮肤的特质，有针对性地进行护理，敏感皮肤的状态是可以改善的。但需要注意的是，处于急性期皮肤过敏的顾客，不可以进行院护操作，建议顾客寻求皮肤科医师治疗。

一、敏感皮肤院护产品选择原则

敏感皮肤的人容易出现化妆品不耐受，某些化妆品中所含香料、色素、酒精、防腐剂、石油系表面活性剂等原料可致皮肤敏感。酒精在蒸发过程中会带走皮肤上的水分，让皮肤变得更干，更易导致敏感现象的发生；某些防腐剂和香料刺激性较强，可直接导致皮肤敏感。

因此，在选择院护产品时应尽量选择温和的护肤产品，选择氨基酸表面活性剂洁面产品，避免使用清洁力强的洁面产品，不能使用渗透性强的精油类产品，禁用去角质产品，如：颗粒状的磨砂产品、洁面仪、洗脸刷等。

二、敏感皮肤院护操作

敏感皮肤院护的目的是镇静舒缓、增强皮肤自身锁水能力、恢复皮肤的屏障功能。敏感皮肤在季节变化、环境变化、温度变化时易产生波动，受到外界刺激后会有灼热、瘙痒、紧绷、刺痛等自觉症状。所以无论何种原因导致的皮肤敏感，都需要先解决皮肤的自觉症状使皮肤达到舒适的状态，再加强皮肤自身的锁水能力，修复皮肤的防御屏障，使皮肤达到稳定健康的状态。

（一）护理对象皮肤状态/自觉症状

1.轻度敏感皮肤

常态下皮肤舒适且稳定，皮肤细腻、白皙，有光泽。环境气候发生变化时，皮肤容易出现干燥、红、热等症状。

2.重度敏感皮肤

常态显现为皮肤爱红、有红血丝，皮肤常伴有干燥、紧绷状态。环境气候发生变化时，或者更换护肤品时，皮肤容易出现干燥加重、红、热、瘙痒的症状。因角质层薄，冷热刺激后皮肤泛红的现象会更加明显。

重度敏感皮肤建议先从居家皮肤管理开始，待皮肤恢复至轻度敏感皮肤状态时增加院护管理。

（二）护理重点及目标

增强皮肤免疫防御能力，增加角质层厚度和角质层的含水量，通过正确护肤方式和行为干预，达到皮肤状态稳定，使皮肤舒适、滋润。因敏感皮肤易受气候、环境变化而产生波动，所以只有恢复皮肤的防御屏障，才能真正地解决皮肤敏感问题。

（三）护理工具/仪器

在轻度敏感皮肤院护操作过程中，可使用综合美容仪中的冷喷仪和冷热导入仪功能。

综合美容仪是一种集冷喷仪、超声波美容仪、真空吸啜仪、阴阳电离子仪、冷热导入仪等多种功能为一体，可满足多种美肤需求且易于管理维护的智能化美容仪器（图6-3）。

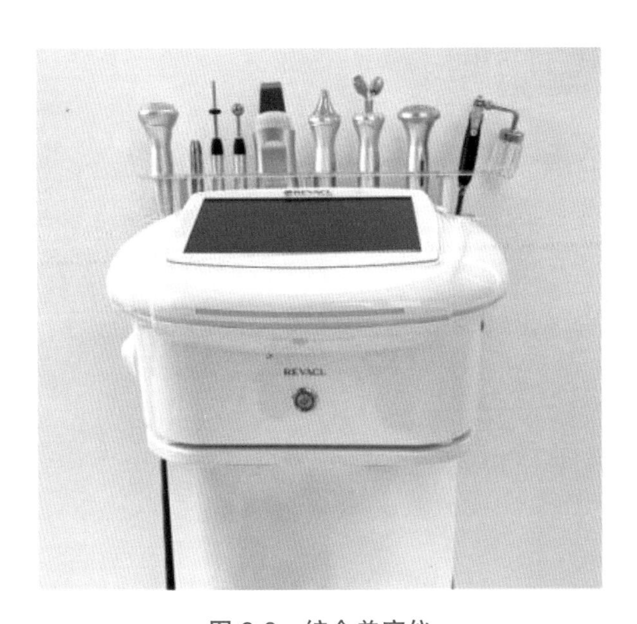

图 6-3　综合美容仪

1. 冷喷仪

（1）原理与作用

冷喷仪，能将液体通过超声波振荡变为微细雾，使亲肤、低温的液体均匀喷于面部，可充分软化皮肤角质层，并给予角质层水分。

冷喷仪适用于各种皮肤，尤其是对敏感、痤疮等问题皮肤效果更佳，能起到镇静舒缓、收缩毛孔等作用。

（2）使用方法

① 操作准备，将液体倒入器皿，待液体流入雾化器后接通电源。

② 开启综合美容仪，在智能屏幕上点选冷喷仪功能，进入操作管理界面，设备开启后有微细雾产生即可使用。

③ 喷雾，待微细雾均匀喷出后，再将仪器移至顾客面部，进行喷雾操作。

④ 调整距离，调整冷喷仪喷口与顾客面部的间距，喷雾应从顾客头部的上方向颈部方向喷出，其间距根据皮肤性质而定。喷雾时，操作者不得离开顾客，并可用手随时感觉喷雾的温度。针对不同皮肤类型，冷喷仪应用的时间和距离有所不同。

⑤ 结束操作，仪器使用完毕后，需用蒸馏水清洗，以延长仪器的使用寿命。清洗后，关闭开关，切断电源。

（3）注意事项

① 操作时，应调好喷口与面部的角度，避免喷出的雾气直喷鼻孔令人呼吸不畅。

② 依皮肤状态掌握好喷雾时间，最长不宜超过10min，避免皮肤出现脱水现象。

③ 在喷雾过程中，应随时注意观察雾化状况，如出现水雾现象，需即刻关闭开关，切断电源。

④ 雾化前，请顾客闭眼并用护眼罩盖住眼部，避免因雾气喷到眼部，产生不适。

2.冷热导入仪

（1）原理与作用

冷热导入仪的原理是通过对液体的冷热循环而产生的冷热效应。操作者可以自主切换手柄头温度。手柄头为光滑金属包头，可直接作用于皮肤部位。产生冷效应时，冷渗透作用于皮肤，皮肤毛孔收缩，肌肉收紧，使皮肤镇定；产生热效应时，热渗透作用于皮肤，加速血液循环，促进新陈代谢，使肌肉放松。

（2）使用方法

① 开启综合美容仪，在智能屏幕上点选冷热导入功能，进入操作管理界面。

② 将介质涂于清洁后的皮肤上，使用冷温时一般搭配凝胶类产品。

③ 在操作管理界面按需设定操作时间，选择冷、热模式。

④ 选择热效应时，控制手柄头在皮肤上缓慢移动，能有效帮助产品充分渗透，并给顾客以温暖的安抚感。手柄头在皮肤上运行3 ～ 5min后关闭开关。

⑤ 选择冷效应时，控制手柄头在皮肤上缓慢移动，使皮肤由表及里得到冷渗透，达到收缩毛孔、镇定皮肤的作用，手柄头在皮肤上运行3～5min后关闭开关。

（3）注意事项

① 操作前务必先用手确认手柄头温度，避免手柄头高温或者低温引起皮肤不适。

② 操作时，不可在皮肤上停留时间过长，以免损伤皮肤。

③ 护理过程中的空档期需关闭仪器开关，禁止空烧，以避免仪器损坏，如果长时间不使用仪器，需切断电源。

④ 操作完毕后，需用酒精擦拭消毒手柄，防止污垢进入手柄缝隙，对仪器造成损伤。

（四）院护基本操作流程

建议由具有美容临床护理经验的皮肤管理师帮助顾客做敏感期护理，提高皮肤的保湿度，来帮助改善和消除此阶段皮肤的自觉症状。如有较为严重的皮肤炎症，应建议寻求皮肤医师处理。

1. 清洁

湿润皮肤，取适量洁面产品，均匀地涂在脸上清洁即可，不要过度摩擦皮肤。

2. 冷喷

镇静皮肤，补充水分。根据皮肤状态，冷喷仪使用时间2min左右。

3. 补水、导润

滋润皮肤，取适量产品，在双手匀开，轻柔慢缓将产品在面部抹至吸收。注意不要在同一位置反复导润，角质层薄的位置减少导润次数，无需按摩。

4. 皮膜修护

选用微脂囊包裹的且轻薄透气的精华油涂于面部，帮助加强皮脂膜的锁水能力。

5. 敷面膜

使用粉状、片状等类型面膜，根据不同面膜类型操作要求进行敷面膜护理，避免面膜风干，一般敷膜时间在10min左右。

6. 冷导

敷膜后，在面膜上用冷热导入仪中的冷导入功能帮助皮肤镇静舒缓，使用时间

3 ～ 5min。

7. 护肤与防护

将保湿产品与防护产品依次在面部涂匀。

三、敏感皮肤院护管理注意事项

敏感皮肤可用冷喷或冷敷仪镇静皮肤，避免使用含有果酸、水杨酸、维A酸衍生物等成分的去角质产品，避免使用含乙醇的化妆水等刺激性产品，选用安全性高的滋润、保湿、修复类护肤品。修复受损皮肤，恢复皮肤屏障功能，是调理敏感皮肤的重点。

① 院护时，用温凉水洁面，使用氨基酸表面活性剂洁面产品，不可过度清洁。

② 院护涂抹产品时不要过度用力，避免摩擦皮肤。

③ 院护时，若皮肤有自觉症状，谨慎使用乳剂型产品。

④ 院护操作中不做按摩，做好保湿锁水。

⑤ 院护的环境不宜过热，顾客避免在温度剧烈变化的环境中停留。

⑥ 院护后当天不宜洗澡。

⑦ 院护后避免皮肤出现红、热的情况，如：运动、风吹、吃火锅及辛辣刺激性食物等。

【想一想】 敏感皮肤院护管理有哪些方面？

【敲重点】 1. 敏感皮肤院护基本操作流程。
2. 敏感皮肤院护管理注意事项。

第四节 皮肤管理方案制定案例——敏感皮肤

山东的张女士是一名美容行业从业者，32岁。皮肤受敏感问题的困扰已经有三年多了，这严重影响了她的工作。她的皮肤状态敏感泛红、热、痒，并伴有紧绷感。张女士尝试过很多方法，使用过很多抗敏产品，但皮肤敏感的问题始终没有得到解决。

在工作中，她认识了一名皮肤管理师，皮肤管理师运用视像观察法对张女士的皮肤进行了辨识与分析。见表6-2。

表 6-2 皮肤分析表（一）

编号：******** 皮肤管理师：刘 **

基本信息	姓名	张 **	联系电话	158********	
	出生日期	19** 年 ** 月 ** 日	职业	美容师	
	地址	山东省烟台市 *** 小区			
	客户来源	☑ 转介绍 □自媒体 □大众媒体 □其他 ______			
	工作环境	☑ 室内 □计算机 □室外 □粉尘 □燥热 □湿冷 □其他 ____________			
	生活习惯（自述）	1. 洗澡周期与时间：2 天 1 次，每次 20min 左右 2. 顾客自述：喜欢洗热水澡，觉得自己皮肤爱出油，所以需要彻底清洁，每次清洁时间都很长			
皮肤辨识信息	皮肤基础类型	□中性皮肤 □干性皮肤 □油性皮肤 ☑ 油性缺水性皮肤			皮肤管理案例——敏感皮肤
	角质层厚度	□正常 ☑ 较薄 □较厚	光泽度	□好 ☑ 一般 □差	
	皮脂分泌量	□适中 □少 ☑ 多	毛孔	□细小 □局部粗大 ☑ 粗大	
	毛孔堵塞	□无 ☑ 少 □多	毛细血管扩张	□无 ☑ 轻 □重	
	肤色	□均匀 ☑ 不均匀	柔软度	□好 ☑ 一般 □差	
	湿润度	□高 □一般 ☑ 低	光滑度	□好 □一般 ☑ 差	
	弹性	□好 ☑ 一般 □差	肤温	□微凉 ☑ 略高	
	自觉感受	□无（舒适） □厚重 ☑ 热 ☑ 痒 ☑ 紧绷 □胀 ☑ 刺痛			
	肌肤状态	□健康 ☑ 不安定 □干燥 □痤疮 □色斑 ☑ 敏感 □老化 □其他 ________			
	痤疮	□无 ☑ 黑、白头粉刺 □炎性丘疹 □脓疱 □结节 □囊肿 □瘢痕			
	色斑	□无 □黄褐斑 □雀斑 □ SK（老年斑） ☑PIH（炎症后黑变病） □其他 ____			
	敏感	□无 ☑ 热 ☑ 痒 ☑ 紧绷 □胀 ☑ 刺痛 □红斑 □丘疹 □鳞屑 □其他 ____			
	老化	□无 □干纹 ☑ 细纹 ☑ 表情纹 □松弛、下垂 □其他 ____			
	眼部肌肤	□无 □干纹 ☑ 细纹 □鱼尾纹 ☑ 黑眼圈 □眼袋 □松弛、下垂 □其他 ____			

皮肤管理师在对张女士的皮肤进行辨识与分析时，详细了解了她的美容史和她的日常护肤习惯。了解到张女士一直在使用抗敏产品，觉得自己皮肤爱出油，每次洗脸时都会洗很多遍，在美容院也经常做脱敏护理，见表6-3。

表6-3 皮肤分析表（二）

编号：******** 顾客姓名：张 ** 皮肤管理师：刘 **

美容史	1. 过敏史 ☑有 一到换季就过敏 □无 2. 护理周期 □定期 ______ ☑不定期 ______ □其他 ______ 3. 顾客自述：因为皮肤爱出油、有堵塞，所以我就特别注重清洁，每次洗脸都会多洗几遍，时间会比较长，洗澡的时候水温也会高一些。这几年皮肤敏感，所以一直在用抗敏产品。但皮肤敏感的问题依然存在，在工作中非常害怕顾客问到我的皮肤状态，这让我很痛苦		
皮肤管理前居家护肤方案			
原居家产品使用：（顺序、品牌、剂型、作用、用法、用量、用具）			
晚	1.C 品牌卸妆凝胶 2.L 品牌爽肤水 3.S 品牌面霜（作用：抗敏）	早	1.C 品牌洁面 2.L 品牌爽肤水 3.S 品牌面霜（作用：抗敏） 4.A 品牌防晒 5.A 品牌气垫
皮肤管理前洗澡后的皮肤状态： 皮肤会红、热，有紧绷感			
皮肤管理前季节、环境、生活习惯变化后皮肤状态： 一换季皮肤就容易过敏，红、热、痒的现象非常严重			
原居家护理后的皮肤状态： 涂抹产品时，皮肤不易吸收，经常有痒感，偶尔还有刺痛感			
原院护后的皮肤状态： 做完脱敏护理后当天效果还可以，一两天后皮肤就又恢复到原来的状态			
顾客签字：张 ** 皮肤管理师签字：刘 ** 日期：20** 年 ** 月 ** 日			

经过对张女士皮肤的全面分析，皮肤管理师为张女士制定了皮肤护理方案。见表6-4。

表 6-4　皮肤护理方案表

编号：********　　　　　　　　　　　　　　　　　　　　皮肤管理师：刘 **

<table>
<tr><td>姓名：张 **</td><td colspan="2">电话：158********</td><td>建档时间：20** 年 ** 月 ** 日</td></tr>
<tr><td colspan="4">顾客美肤需求：解决皮肤敏感问题</td></tr>
<tr><td colspan="4">皮肤管理后居家护理方案</td></tr>
<tr><td colspan="4">现居家产品使用：（顺序、品牌、剂型、作用、用法、用量、用具）</td></tr>
<tr><td>晚</td><td>1.REVACL 肌源清洁慕斯
2.REVACL 凝莳新颜液
3.REVACL 凝莳新颜霜
4.REVACL 肌源护肤粉
注：每天洗澡时使用 REVACL 肌源精华油滋润面部皮肤</td><td>早</td><td>1. 清水洗脸
2.REVACL 凝莳新颜液
3.REVACL 凝莳新颜霜
4.REVACL 肌源护肤粉</td></tr>
<tr><td colspan="4">行为干预内容：
1. 忌食辛辣刺激性食物及发物，吃饭时食物不要过热，避免出汗
2. 温凉水洁面，避免过度清洁，洗澡水温不宜过热，洗澡时间在 15min 之内
3. 注意物理遮挡，出门要打伞或戴帽子
4. 避免冷热刺激，避免在燥热的环境下停留</td></tr>
<tr><td colspan="4">院护方案</td></tr>
<tr><td colspan="4">目标、产品、工具及仪器的选择（院护项目）</td></tr>
<tr><td colspan="4">1. 目标：解决皮肤敏感问题
2. 产品、工具及仪器（院护项目）：敏感皮肤护理项目
（1）产品：敏感皮肤护理项目所需系列产品
① 氨基酸表面活性剂洁面产品
② 补水的微乳产品，温和舒缓、滋润度与保湿度兼具的乳霜产品
③ 皮膜修护产品
④ 补水软膜产品
（2）工具及仪器：综合美容仪（冷喷仪、冷热导入仪）</td></tr>
<tr><td colspan="4">操作流程及注意事项</td></tr>
<tr><td colspan="4">1. 操作流程
（1）清洁；（2）冷喷；（3）补水、导润；（4）皮膜修护；（5）敷面膜；（6）冷导；（7）护肤与防护
2. 注意事项
（1）建议下午或晚上做院护
（2）院护后需使用物理防护产品（不用防晒及化妆品，晚间回家可不洁面）
（3）院护后当天不洗澡
（4）院护后避免皮肤出现红、热的情况，如：运动、风吹、吃火锅及辛辣刺激性食物等
（5）院护后次日注意加涂 REVACL 肌源护肤粉</td></tr>
<tr><td colspan="4">院护周期：15 天 / 次</td></tr>
<tr><td colspan="4">顾客签字：张 **
皮肤管理师签字：刘 **
日期：20** 年 ** 月 ** 日</td></tr>
</table>

张女士了解了自己皮肤敏感的成因，与皮肤管理师达成共识，共同配合有效实施了皮肤管理方案。90天后，张女士的皮肤敏感问题得到了有效解决，由于张女士有了更高的美肤需求，所以进行了下一步院护预约。见表6-5。

表 6-5 护理记录表

编号：********　　　　皮肤管理师：刘 **

姓名：张 **				电话：158********		
序号	日期	护理内容（居家护理 / 院护项目）	皮肤护理前状态	皮肤护理后状态	回访时间、院护预约时间 / 顾客、皮肤管理师签字	回访反馈 / 方案调整 / 行为干预
1	20**.9.25	□居家护理 ☑ 院护 敏感皮肤一阶段护理	皮肤红、热，经常有痒感，偶尔有刺痛感	皮肤红、热现象有改善，痒和刺痛的症状消失	回访时间：20**.9.26、20**.9.29 院护预约时间：20**.10.10 顾客签字：张 ** 皮肤管理师签字：刘 **	回访反馈：20**.9.26 回访，院护后皮肤红、热现象有改善，居家护肤时无刺痛感 方案调整：/ 行为干预：洗澡水温不宜过热；温凉水洁面，避免过度摩擦
2	20**.9.29	☑ 居家护理 □院护	吃了少量刺激性食物，皮肤感觉热、痒、紧绷	晚间调整乳霜的用量后，皮肤紧绷感消失	回访时间：/ 院护预约时间：20**.10.10 顾客签字：/ 皮肤管理师签字：刘 **	回访反馈：/ 方案调整：晚间护肤乳霜用量加大，加涂 REVACL 肌源护肤粉 行为干预：忌食辛辣刺激性食物及发物
3	20**.10.10	□居家护理 ☑ 院护 敏感皮肤一阶段护理	皮肤红、热	皮肤红、热现象有明显改善	回访时间：20**.10.11 院护预约时间：20**.10.25 顾客签字：张 ** 皮肤管理师签字：刘 **	回访反馈：20**.10.11 回访，院护后皮肤红、热现象有明显改善 方案调整：/ 行为干预：注意物理防护，避免过度风吹

续表

姓名：张 **				电话：158********		
序号	日期	护理内容（居家护理 / 院护项目）	皮肤护理前状态	皮肤护理后状态	回访时间、院护预约时间 / 顾客、皮肤管理师签字	回访反馈 / 方案调整 / 行为干预
4	20**.10.25	□居家护理 ☑ 院护 敏感皮肤一阶段护理	皮肤微红、微热	皮肤舒适、滋润	回访时间：20**.10.26 院护预约时间：20**.11.11 顾客签字：张 ** 皮肤管理师签字：刘 **	回访反馈：20**.10.26 回访，院护后皮肤舒适、滋润 方案调整：敏感问题已改善，下次可考虑调整为敏感皮肤二阶段护理 行为干预：/
……	……	……	……	……	……	……
8	20**.12.28	□居家护理 ☑ 院护 敏感皮肤二阶段护理	皮肤舒适、滋润、肤色略暗	皮肤滋润、通透、柔软	回访时间：20**.12.29 院护预约时间：20**.1.10 顾客签字：张 ** 皮肤管理师签字：刘 **	回访反馈：20**.12.29 回访，院护后，皮肤滋润、通透、柔软 方案调整：建议顾客添加 REVACL 护颜美肤霜；院护周期可调整为 10 天 / 次 行为干预：/
……	……	……	……	……	……	……

【想一想】 如何为敏感皮肤顾客制定皮肤管理方案？

【敲重点】

1. 敏感皮肤顾客的皮肤分析表内容。
2. 敏感皮肤顾客的皮肤管理方案表内容。
3. 敏感皮肤顾客的护理记录表内容。

【本章小结】

敏感皮肤是美容常见的问题性皮肤之一，本章分析并介绍了敏感皮肤的成因及表现；给出了敏感皮肤居家和院护的管理方案，结合真实的皮肤管理案例，使学习者具备制定敏感皮肤管理方案的能力，为调理好顾客的敏感皮肤奠定了基础。

【职业技能训练题目】

一、填空题

1. 敏感皮肤的产品选择比其他任何类型皮肤都要慎重，总的原则是（　）。
2. 敏感皮肤院护的目的是镇静舒缓、增强皮肤自身（　）能力、恢复皮肤的（　）功能。
3. 当皮肤出现敏感现象时，应避免易导致皮肤（　）、（　）、出汗等使皮肤敏感状态加剧的行为。

二、单选题

1. 敏感皮肤在没有恢复至健康状态前不建议选择（　）类产品。

   A. 面膜　　B. 微乳剂　　C. 防护　　D. 霜剂

2. 符合敏感皮肤行为干预中正确行为习惯的建立的选项是（　）。

   A. 大量饮酒　　B. 避免过度风吹

   C. 经常做剧烈运动　　D. 经常使用面膜

3. （　）皮肤是指皮肤脆弱、感受力强、抵抗力弱，容易受到外界各种刺激的影响而产生过敏，其主要特征表现为角质层薄、容易发红、时有痒感或小红疹出现等。

   A. 干性　　B. 老化　　C. 油性　　D. 敏感

4. 以下不具有消炎、收敛作用的成分是（　）。

   A. 炉甘石　　B. 氢醌

   C. 北美金缕梅提取物　　D. 红没药醇

5. 敏感皮肤清洁时水温应用（　）水洁面，清洁手法需轻柔、慢缓。

A. 热　B. 冷　C. 冰　D. 温凉

三、多选题

1. 敏感皮肤的成因中内在因素包括（　）。

A. 遗传　B. 种族
C. 性别　D. 年龄
E. 某些皮肤病

2. 敏感皮肤的表现包括（　）。

A. 皮肤泛红　B. 干燥紧绷
C. 皮肤有热、痒、针刺感　D. 雀斑
E. 老年斑

3. 敏感皮肤的成因中外在因素包括（　）。

A. 化妆品　B. 季节变化
C. 日光　D. 食物
E. 医源性因素

4. 敏感皮肤在饮食方面应避免食用（　）。

A. 酒　B. 羊肉
C. 海鲜　D. 紫甘蓝
E. 蓝莓

5. 敏感皮肤应避免（　）。

A. 吃过热的食物　B. 蒸汗蒸
C. 桑拿　D. 泡温泉
E. 做剧烈运动等

四、简答题

1. 简述敏感皮肤的院护基本操作流程。

2. 简述敏感皮肤院护产品选择的原则。

第七章 美容常见问题性皮肤——老化皮肤

【知识目标】

1. 熟悉老化皮肤居家管理和院护管理的注意事项。
2. 掌握老化皮肤的成因及表现。
3. 掌握老化皮肤居家产品及院护产品的选择原则。
4. 掌握老化皮肤行为干预及院护基本操作流程。
5. 掌握老化皮肤管理方案的内容和制定方法。

【技能目标】

1. 具备准确辨识老化皮肤，及对顾客的行为因素进行分析的能力。
2. 具备正确指导老化皮肤顾客进行居家管理的能力。
3. 具备熟练完成老化皮肤院护管理的能力。
4. 具备制定老化皮肤管理方案的能力。

【思政目标】

1. 具备严谨的皮肤管理态度，在皮肤护理过程中遵守职业道德。
2. 培养并实践格物致知、知行合一的精神。

【思维导图】

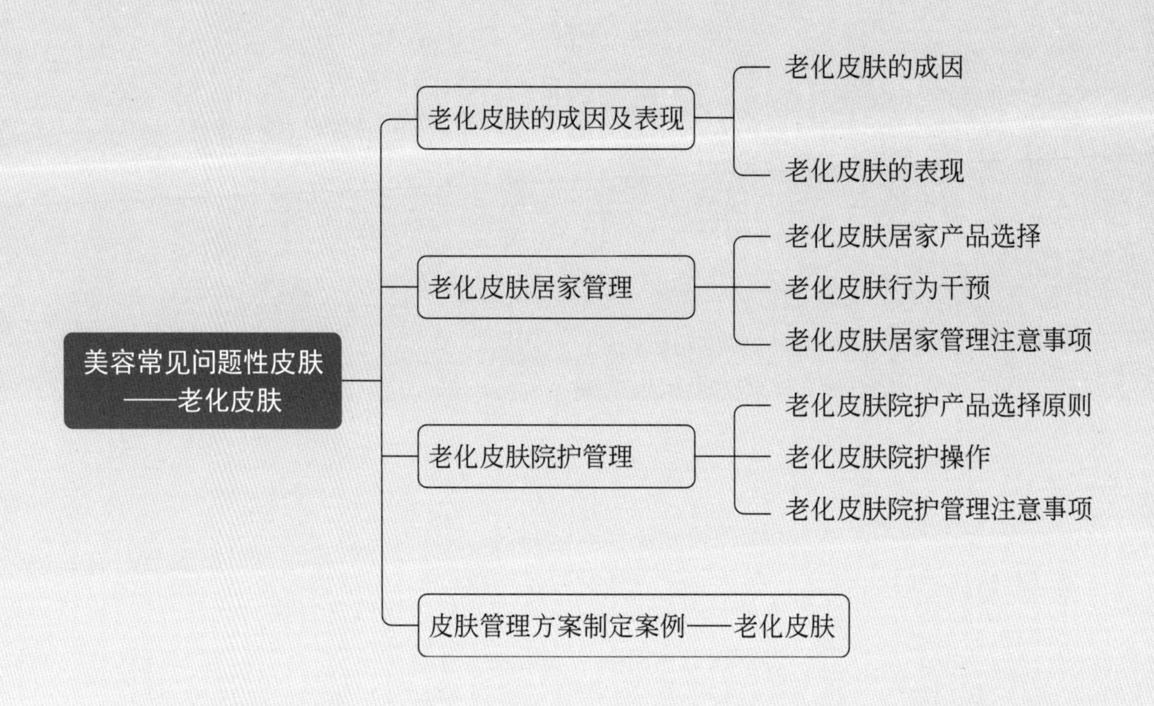

衰老是指机体器官功能减退和储备能力下降，是生物界最基本的自然规律之一。皮肤老化作为机体整体衰老的一个部分具有特殊的意义。皮肤的老化，是指皮肤在外源性或内源性因素的影响下引起皮肤外部形态、内部结构和功能衰退等现象。皮肤老化严重影响人体容貌。因此，预防和延缓皮肤老化是皮肤管理研究的重要课题。

第一节　老化皮肤的成因及表现

一、老化皮肤的成因

皮肤老化主要分为内源性老化和外源性老化两种形式。内源性老化即自然老化，主要是由不可抗拒因素（如重力、机体内分泌及免疫功能随机体衰老而改变）及遗传等因素所引起的，它是客观自然规律不可抗拒的过程。

外源性老化是通过和其他环境因素接触或生活方式产生的损害积累所造成的，主要是由太阳的紫外线辐射引起，所以又称光老化。长时间的紫外线照射，可导致真皮胶原合成受到明显抑制，产生大量活性氧自由基，影响胶原的生成。紫外线还可以使真皮胶原和弹力纤维发生交联，从而使皮肤松弛老化。光老化是可以预防的老化。面部皮肤的老化80%来自光老化的损伤。

（一）发生因素

1. 年龄因素

随着年龄的增长，皮肤的厚薄、角质层的功能、皮脂腺及汗腺的分泌情况都会发生变化，皮肤老化一般从25～30岁以后开始。

2. 地心引力

由于地心引力的作用，使本来因自然老化松弛的皮肤加速下垂。

3. 健康因素

咀嚼不良和胃肠功能衰弱，营养失调及患有如肾病、肝病、妇科病等慢性消耗性疾病，皮肤易老化。

4. 内分泌紊乱

妇女绝经后，雌性激素分泌减少，从而影响皮肤的充实度和弹性。

5. 精神因素

用脑过度、思虑过多、心情烦闷时皮肤易老化。

6. 紫外线

大量研究表明日光中的紫外线UV是造成光老化的最重要因素。UVA和UVB在皮肤老化中起着重要作用。其中UVA穿透力强，30%～50%能深达真皮层，也不受季节、云层、玻璃、水等影响。UVA以损伤真皮为主，引起真皮胶原蛋白含量减少，胶原纤维退化，弹力纤维结构退行性改变，是造成皮肤松弛、皱纹增多等光老化的主要原因。

7. 环境因素

① 长期日光暴晒、风吹雨淋或海水侵蚀者，皮肤易老化。

② 空气污染，例如：烟雾会损耗体内的维生素C而影响皮肤胶原纤维，使皮肤松弛、老化。

③ 噪声会影响听力、伤害神经系统，也会造成老化。

④ 空气干燥会使皮肤中的水分流失过快，导致皮肤粗糙、起皱纹。

⑤ 寒风、强冷刺激会导致皮肤血管收缩，皮脂、水分减少而导致皮肤干燥，造成皮肤提前老化。

8. 饮食不当和不良的生活习惯

① 暴饮暴食或任意节食。

② 喜爱高糖饮食。

③ 饮食中缺乏蛋白质和各种维生素。

④ 经常食用刺激性食物。

⑤ 迅速减肥或缺乏锻炼导致皮肤松弛。

⑥ 酗酒、吸烟。

⑦ 过于丰富的面部表情，如挤眉弄眼、皱眉、眯眼等容易过早地产生表情纹。

⑧ 长期熬夜，过度疲劳。

9. 皮肤保养不当

使用过热的水洗脸、过度的摩擦、过度的去角质、错误地使用功效性化妆品等，均会使角质层受损，失去对皮肤的保护作用，使皮肤老化加快。

（二）发生机制

1. 新陈代谢变缓

体外细胞培养证明，老化的角质形成细胞对生长因子应答低下，增殖能力受限。在30～70岁期间，表皮细胞更替速率减少约50%，角质层屏障功能减弱。

2. 微小循环变慢

细胞对营养物质的吸收和废物的排出过程变缓。

3. 细胞间脂质、天然保湿因子、胶原蛋白含量减少

由于缺少细胞间脂质和血液的充沛营养供给，脂质、天然保湿因子流失，胶原纤维断裂，结构紊乱，张力不足，胶原蛋白流失与合成能力变差。

4. 皮脂腺、汗腺功能衰退

汗液与皮脂排出减少，皮肤逐渐失去光泽而变得干燥、粗糙，皮肤防御能力下降。

5. 自由基直接与蛋白质、脂质等反应

在人体新陈代谢过程中，不断产生自由基。当人体的抗氧化功能衰退时，过量的自由基无法被机体正常的抗氧化保护机制所消耗，造成细胞结构、功能的破坏，导致皮肤老化，使皮肤干燥、松弛，出现皱纹。

二、老化皮肤的表现

皮肤老化现象主要表现在两个方面。

（一）皮肤组织衰退

老化皮肤的表现见图7-1。

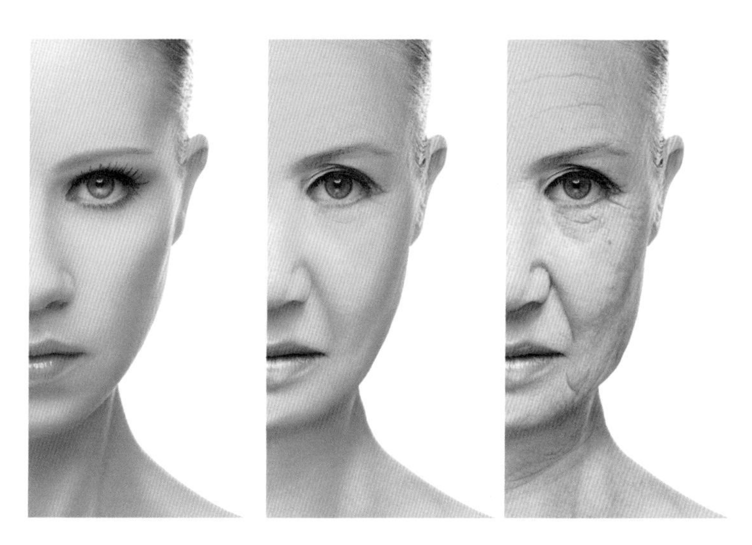

图7-1 老化皮肤

1. 表皮变薄

皮肤的厚度随年龄的增加而逐渐变薄，到老年期颗粒层可萎缩至消失，棘细胞生长周期缩短，表皮逐渐变薄。

2. 肤色变深

皮肤的表皮细胞核分裂增加，黑素增多，以致老年人的肤色较年轻时略深。

3. 老年斑产生

老年斑是人皮肤老化最为突出、最为典型、最为直观的特征之一，是由衰老所产生的脂褐素不断沉积于皮肤细胞、汗腺细胞中而逐渐形成于皮肤表层。

4.失去光泽

角质细胞脱落减慢，已衰老死亡的细胞堆积于表皮角质层，使角质层增厚，皮肤表面变硬，失去光泽。

5.失去弹性

真皮在30岁时最厚，随着年龄增长，胶原蛋白含量递减，弹力蛋白变性，失去原有的网状结构，使皮肤失去张力，变得松弛。

6.失去血色

真皮层变薄，真皮乳头层血管减少，血流量降低，皮肤缺乏红润色泽，出现暗黄。

（二）生理功能低下

1.腺体分泌减少

皮脂腺分泌减少，皮肤失去光泽，汗腺功能衰退，汗液排出减少，皮肤干燥，出现皱纹。

2.血液循环功能减退

毛细血管开放面积减少，血流不畅通，血流量减少，皮肤得不到足够的营养而干燥、起皱、无光泽。血液循环功能减退不足以补充皮肤必要的营养，因此老年人皮肤伤口难愈合。

总之，老化皮肤由于表皮、真表皮交界处、真皮及附属器发生退行性改变，导致皮肤形态、弹性、色泽等方面的改变。外观特征主要表现为皮肤干燥粗糙无光泽、皱纹增加及松弛下垂伴随老年斑、毛细血管扩张等现象的出现。

【想一想】 老化皮肤的形成与哪些因素有关？

【敲重点】 1.老化皮肤的成因。
2.老化皮肤的表现。

第二节 老化皮肤居家管理

皮肤内源性老化是难以避免的，但外源性老化可以通过皮肤管理在一定程度上有效预防和延缓，即健康的生活习惯、科学的护肤方案及正确的护肤行为，因此为顾客提供院护管理的同时做好老化皮肤居家管理是非常必要的。

一、老化皮肤居家产品选择

老化皮肤的日常护理，重在滋润保湿，增强皮肤弹性，加强皮肤防御屏障，预防皱纹产生。所有产品的选择都要关注成分安全、温和，不选择对皮肤有刺激、有负担成分的产品，如酒精、香精香料、色素、石油系表面活性剂、药物成分等，以选择营养、滋润、保湿、抗皱作用的产品为主。

（一）居家产品的选择原则

1.清洁产品的选择

选择温和的氨基酸表面活性剂洁面产品，避免过度剥夺皮肤天然的油分。

2.护肤类产品的选择

选择可以补水、滋润的微乳剂型产品及营养、滋润保湿、抗衰的霜剂产品。

3.防护、防晒产品的选择

选择物理防护、防晒产品，防御紫外线，对抗光老化。

4.其他类产品的选择

（1）适当选择紧致抗皱类功效产品

基于衰老与表皮的关系，总结起来就是表皮的正常代谢受到损害，脂质减少、蛋白质以及代谢酶紊乱、炎症产生，继而出现屏障损伤。故在选择抗衰老的化妆品时，应考虑含有紧致抗皱及对抗皮肤屏障损伤的成分，此种护肤品会更好地延缓皮肤的老化。

（2）可适当选择面膜类产品

选择具有营养保湿、紧致效果的面膜贴产品，配合使用微脂囊包裹的且轻薄透气的精华油敷面膜。避免选择撕拉面膜、去角质面膜等，因为这些面膜容易造成皮肤屏障损伤，加速皮肤老化。

（3）可配合选择口服类产品

老化皮肤的顾客，在外用护肤品的同时可口服补充胶原蛋白、抗氧化、清除自由基的口服产品配合调理。

（二）改善老化皮肤居家产品的常见功效性成分

1. 烟酰胺

烟酰胺是维生素B_3的一种衍生物，也是美容皮肤科学领域公认的皮肤抗老化成分，近年来越来越为人们所重视，其在皮肤抗老化方面最重要的功效是减轻和预防皮肤在早期衰老过程中产生的肤色黯淡、发黄等现象。

2. 可溶性胶原

可溶性胶原是一种三连螺旋体，由三根多肽链交联组成，呈硬性条状。在护肤品中加入可溶性胶原，当它在和皮肤接触之后便可吸附甚至部分渗透到皮肤中而被皮肤所吸收，补偿了由于年龄增长和光照原因而引起的可溶性胶原的损失，达到防止皮肤老化的目的。

3. 人参根提取物

人参根提取物能延缓皮肤衰老，防止皮肤干燥脱水，增加皮肤的弹性，从而起到使皮肤光泽柔嫩、防止和减少皮肤皱纹的作用，人参活性物质还具有抑制黑色素的还原性能，能使皮肤洁白光滑。

4. 棕榈酰三肽-5

棕榈酰三肽-5为广泛应用的美容小分子肽,它具有促进真皮层中胶原蛋白和弹性蛋白合成的作用。通过转化生长因子-β（TGF-β）刺激皮肤胶原蛋白合成，达到抚平皱纹和紧肤的抗皱目的。

5. 六肽-9

六肽-9能有效舒缓面部皱纹，并抑制周边肌肉的收缩与活动，帮助肌肉放松，使肌肤弹性组织恢复柔顺平滑的线条。能够减缓肌肉收缩的力量，让肌肉放松，减少动态纹与细纹的产生；有效重新组织胶原，可以增加弹力蛋白的活性，抚平皱纹，改善松弛。

6.棕榈酰四肽-7

棕榈酰四肽-7可以通过刺激层粘连蛋白（laminin）Ⅳ和Ⅴ以及Ⅱ型胶原蛋白的产生，减少白细胞介素-6（interleukin-6）的生成，消除炎症、防损伤，还可以阻止皱纹形成、松弛和肤色不均。

7.棕榈酰五肽-4

棕榈酰五肽-4是一种抗衰老成分，在化妆品中作皮肤调理剂、抗氧化剂和保湿剂使用，可以刺激皮肤基质的胶原蛋白合成，达到抗老化的效果。

（三）居家管理方案调整原则

皮肤老化一般从25～30岁就已开始，对抗皮肤的老化，最有效的方法就是预防大于治疗。因为一旦产生深度皱纹，就需要借助医美手术的方法来去除，这无形中给一些顾客造成了心理压力和负担，所以对抗老化，保持皮肤的年轻态需遵循长期化、常态化的居家护理原则。

防护防晒、滋润保湿、加强皮肤弹性、保持皮肤屏障功能的健康是老化皮肤居家管理的重点方向。皮肤管理师应该根据顾客的行为习惯，生活环境、季节和气候的变化，适时调整护肤方案，使顾客的皮肤保持滋润、舒适的状态，才能循序渐进地改善皮肤的老化问题。

二、老化皮肤行为干预

（一）行为因素分析

皮肤的老化与一些行为因素有着密切的关系。皮肤的居家护理是每天都在进行的事情，正确行为习惯的养成，可有效地减缓皮肤老化的速度。找到影响皮肤老化的因素并教会顾客预防的方法，才能帮助顾客更好地保持健康年轻的皮肤状态。

1.不重视防护、防晒

面部皮肤的老化主要来自光老化的损伤。但有些顾客没有建立正确的防护、防晒观念，在阴天、冬天等阳光较弱时不做防护、防晒，或阳光较强时只涂抹防晒产品、不做物理防护，都可能因为过量的紫外线照射而发生皮肤光老化。

2.不正确的护肤

使用清洁力过强的产品，或过度追求护肤即时效果，频繁进行功效性护肤，使皮肤防御屏障损伤，导致皮肤过早老化；还有些顾客在护肤时力度过大，反复牵拉皮肤也容易导致皮肤松弛，产生皱纹。

3.不良的生活习惯

失眠、熬夜、暴饮暴食、偏食、节食等都可引起皮肤过早老化。

4.不良的情绪因素

嫉妒、焦虑、易怒、暴躁、恐惧、悲伤等不良情绪都会影响血液循环，加速皮肤老化，使皮肤皱纹增多，面容憔悴，所以长时间情绪不好的人一般会比普通人苍老很多。

（二）正确行为习惯的建立

居家行为习惯直接影响了老化皮肤的状态，正确行为习惯的养成需要一个时间过程。建立良好的行为习惯对保持健康年轻的皮肤状态至关重要。

① 做好防护、防晒。无论在室内或室外，都要做好皮肤的防护或防晒。在户外，减少紫外线照射的同时还需要做好物理避光，如打伞、戴帽子等。

② 避免刺激。避免过度风吹，避免冷热刺激。

③ 注意饮食管理。合理饮食保证营养均衡，少食辛辣刺激性食物、甜食、油炸食物，多食抗氧化食物，例如：沙棘、紫甘蓝、蓝莓、葡萄等。

④ 规律护肤。皮肤老化是一个渐进的过程，及时补充皮肤所需营养，使皮肤保持滋润、保湿的状态是皮肤抗老化的基础，所以，对抗老化需要先从规律护肤做起。

⑤ 规律作息。保证睡眠充足不熬夜，好的睡眠有助于皮肤的新陈代谢。

⑥ 保持愉悦的心情。乐观愉悦的情绪，有助于皮肤保持年轻态。

（三）居家护肤指导

1.正确洗脸方法

老化皮肤的皮脂分泌不足，因此清洁水温不宜过高，清洁时间不宜过长，清洁力度不宜过重，不要过度摩擦或牵拉皮肤。

2.正确洗澡方法

洗澡时，先用温凉水将面部润湿，均匀涂抹微脂囊包裹的且轻薄透气的精华油于面部。仰头洗头发，避免喷头热水直冲面部。清洁面部时，需将水温调至温凉水，洗完澡后正常护肤。

洗澡注意事项：

① 洗澡水温不宜过高，晚上规律洗澡。

② 洗澡时不开浴霸，建议洗澡时间在20min左右。

③ 洗澡前后不宜敷面膜，洗澡后第一时间护肤，滋润保湿的膏霜产品用量加大。

④ 洗澡后避免因饮食、情绪激动、运动等行为造成皮肤红、热。

三、老化皮肤居家管理注意事项

紫外线是导致皮肤光老化的主要因素。如果顾客在日常生活中不注意防护、防晒，就容易使皮肤老化加速。另外，对于老化皮肤来说，保持皮肤滋润很重要。老化皮肤的形成与长期的护肤行为及所使用的护肤品有关，所以进行居家管理前一定要帮助顾客树立科学美容观，建立抗老化意识，规范护肤行为，从根本上延缓皮肤老化。

① 须加强顾客防护、防晒意识。预防皮肤光老化，物理防护是关键，因此在户外或紫外线较强的区域，为减少紫外线对皮肤的过度照射，应做好物理防护。

② 须提醒顾客注意表情管理。避免因面部表情过多，过早出现皱纹，如挤眉弄眼、皱眉、眯眼等。

③ 须提醒顾客避免不当减肥方式。体重下降过快会造成皮肤松弛，例如节食等。

④ 须提醒顾客避免在使用膏霜产品之后再使用水剂型或喷雾类产品，以免破坏膏霜剂型产品的锁水效果。

⑤ 须提醒顾客及时反馈与总结。在居家皮肤管理的过程中，要逐渐帮助顾客养成主动总结的习惯，让顾客总结容易加速自己皮肤老化的因素，规范护肤行为，逐渐养成正确的护肤习惯，从而使皮肤保持健康、年轻的状态。

【想一想】 老化皮肤居家管理有哪些方面？

【敲重点】

1. 老化皮肤居家产品的选择原则。
2. 老化皮肤行为干预。
3. 老化皮肤居家管理的注意事项。

第三节　老化皮肤院护管理

皮肤老化的干纹、细纹、松弛等现象，可通过提高皮肤的含水量，促进微小循环，增强皮肤弹性来得到改善。院护应以补充营养，滋润保湿，加强皮肤防御屏障，刺激胶原蛋白再生的护理项目为主。

一、老化皮肤院护产品选择原则

通过院护操作可加速血液循环，促进皮肤新陈代谢，调节皮脂腺分泌，补充皮肤所需水分、油分、保湿因子、生长因子等，使皮肤保持滋润、紧实、富有弹性的状态，延缓皮肤老化。老化皮肤院护产品选择应以滋润保湿、抗氧化、促进胶原蛋白及透明质酸合成的产品为主。其中，含烟酰胺、透明质酸、维生素C、维生素E、可溶性胶原、人参根提取物、棕榈酰三肽-5、棕榈酰四肽-7、棕榈酰五肽-4、六肽-9等成分的产品对于预防及改善皮肤老化有一定的作用。

二、老化皮肤院护操作

院护操作前需与顾客充分沟通，了解顾客的美容史及护肤习惯，对顾客的皮肤状态进行辨识与分析，为顾客制定并实施院护方案。

（一）护理重点及目标

老化皮肤护理重点为补充皮肤所需的养分和水分，并运用纳米微晶仪导入活性成分，通过刺激胶原蛋白的再生，达到淡化皱纹、改善肤色、收紧面部皮肤组织的目的。

（二）护理工具/仪器

在老化皮肤院护操作过程中，常用美容仪器为纳米微晶仪（图7-2）。纳米微晶仪是通过纳米晶片配合活性成分作用于皮肤，从而达到抗皱、保持皮肤年轻态效果的美容仪器。

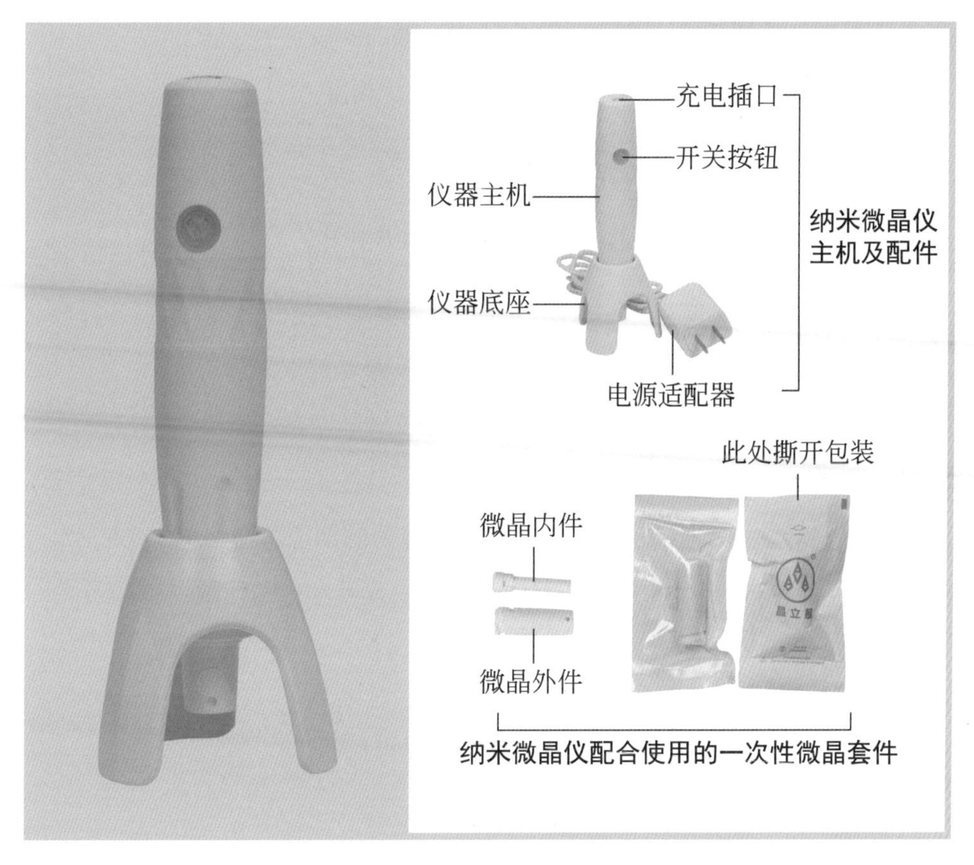

图 7-2 纳米微晶仪

1. 原理与作用

纳米微晶仪的晶片是采用医用纳米级可降解材料研发，触点圆润，确保了接触皮肤时的安全性，护理过程中顾客肤感舒适。纳米晶片以近乎无形的纳米触肤阵列作用于皮肤时，可以在皮肤最外层打开细微孔道，帮助有效活性成分快速渗透吸收，并通过机械刺激皮肤，来促使胶原蛋白再生，达到预防及改善皱纹、收紧面部皮肤组织的目的。

纳米微晶仪的护理过程安全高效、无痛无创。顾客护理后可得到光滑、细腻、有光泽的柔嫩肌肤。纳米微晶仪主要针对松弛、老化皮肤，同时对肌肤暗沉、毛孔粗大、痘坑等问题也有显著效果。

2. 使用方法

（1）安装与检测

① 打开纳米微晶套件的包装，取出纳米微晶套件。

② 先把内件卡在仪器上，听到“咔”的声音即为安装正确。

③ 再把外件旋转安装在仪器上，“△”对着相应刻度。

④ 长按开关按钮打开仪器，确认纳米微晶头正常上下运行后将仪器关闭。

（2）护理操作

① 将含有活性成分的产品涂抹在操作部位，启动仪器进行操作，过程中需要在操作部位边补充产品边操作仪器。注意操作过程中需要确保皮肤上的产品足量。

② 操作中可短按开关按钮，调节操作频率，以顾客感觉舒适为准。

③ 在操作骨骼明显的部位时，需将纳米微晶仪调节至最小档位进行操作。

④ 操作纳米微晶仪时动作要缓慢，每次移动距离在3 ～ 5cm。

⑤ 一个部位可重复操作2 ～ 3次，重点需要改善的部位可操作3 ～ 5次。

⑥ 操作结束后，长按开关按钮关闭仪器，卸除并丢弃一次性纳米微晶套件。

3.注意事项

（1）纳米微晶仪使用注意事项

① 纳米微晶仪操作前，请仔细阅读说明书。

② 纳米微晶仪操作前，作用部位和手都要彻底清洁干净。

③ 细菌和病毒感染者禁用纳米微晶仪，例如：严重痤疮、扁平疣等。

④ 正在外用激素产品者禁用纳米微晶仪。

⑤ 皮肤破损部位及过敏皮肤禁用纳米微晶仪。

⑥ 纳米微晶仪护理后，6h内面部不得沾水。

⑦ 纳米微晶仪护理后，需尽量避免日晒，注意做好防护、防晒。

⑧ 纳米微晶仪护理后，需避免使用具有刺激性的产品。注意加强皮肤的保湿。

⑨ 纳米微晶套件属于一次性产品，不可以重复使用，避免二次感染，使用完需丢弃。

⑩ 纳米微晶仪使用后需对仪器装套件的部位及外部进行消毒。

（2）纳米微晶仪充电注意事项

① 首次使用纳米微晶仪需充电3h后再使用。

② 纳米微晶仪为充电式仪器，请使用原装的充电器。

③ 纳米微晶仪使用前请保持电量充足。纳米微晶仪有电池保护装置，如电量不足时，仪器会亮红灯，这时不建议继续使用，需充电后使用。

④ 纳米微晶仪充电时，闪灯表示正在充电，显示灯不亮表示已充满电。

⑤ 充电时不能使用仪器，充完电后方可使用。

（三）院护基本操作流程

1. 软化角质

先用温凉水将面部润湿，均匀涂抹微脂囊包裹的且轻薄透气的精华油于面部，使皮肤达到湿润柔软的状态。

2. 清洁

取适量洁面产品，均匀地涂在脸上清洁即可，不要过度摩擦皮肤。

3. 补水、导润

滋润皮肤。取适量产品，在双手匀开，轻柔慢缓将产品在面部抹至吸收。注意不要在同一位置反复导润。

4. 纳米微晶仪护理

纳米微晶仪可以增强皮肤通透性，配合有效活性成分进行操作，可达到刺激胶原蛋白再生的目的。将含有活性成分的产品涂抹在操作部位，启动仪器进行操作，过程中需要在操作部位边补充产品边操作仪器。注意操作过程中需要确保皮肤上的产品足量。

5. 导润

锁水、保湿、美白皮肤。取适量产品，在双手匀开，轻柔慢缓将产品在面部抹至吸收。

6. 皮膜修护

选用微脂囊包裹的且轻薄透气的精华油涂于面部，帮助加强皮脂膜的锁水能力。

7. 敷水凝胶面膜

水凝胶面膜具有温度敏感性，当凝胶贴在皮肤上，凝胶上的营养会因为人体的体温而溶化，快速被肌肤吸收。这样既容易保证营养物质的稳定性，又能够被皮肤有效吸收。敷膜时间为20min左右，卸膜时从下往上卸膜。

8. 护肤与防护

院护后，应遵循护肤原则进行补水、营养滋润、保湿与防护。将保湿产品与防护产品依次在面部涂抹均匀。

【课程资源包】

老化皮肤院护操作

三、老化皮肤院护管理注意事项

① 院护前需了解顾客的近期美容史和居家产品使用情况。

② 院护前，如发现顾客皮肤较干，需将方案调整成补水保湿护理，待皮肤含水量提高后，再使用纳米微晶仪进行护理，这样才能达到理想的护理效果。

③ 院护时，纳米微晶仪操作方向需与皱纹方向垂直（详见课程资源包——老化皮肤院护操作），并针对顾客皮肤纹路需重点改善部位进行护理，以达到最佳效果。

④ 院护时，涂抹产品的方向需从下向上，从里向外，需手贴服于皮肤均匀涂抹，不要过度牵拉皮肤。

⑤ 院护后涂抹的产品保湿度要比平时高一些，帮助皮肤锁住营养和水分。

⑥ 院护后需使用物理防护产品（不使用防晒及彩妆产品，顾客晚间回家可不洁面）。

⑦ 院护后当天不宜洗澡。

⑧ 院护后避免皮肤出现红、热的情况，如：运动、风吹、吃火锅及辛辣刺激性食物等。

⑨ 院护后次日早晨，可用清水洁面，膏霜剂型产品用量可加大。

【想一想】 老化皮肤院护管理有哪些方面？

【敲重点】 1. 老化皮肤院护基本操作流程。

2. 老化皮肤院护管理注意事项。

第四节 皮肤管理方案制定案例——老化皮肤

北京的梅女士，56岁，是一家上市公司的财务总监。她的皮肤松弛，皱纹较多，肤色晦暗，毛孔粗大。梅女士经常在美容院做抗衰项目，还注射过祛皱的针剂，刚开始的时候皱纹有减轻，但是没过多久，皱纹就又回来了，甚至比之前还严重，眼周皱纹尤为明显。通过朋友介绍，她认识了一位皮肤管理师，皮肤管理师运用视像观察法对梅女士的皮肤进行了辨识与分析，见表7-1。

表7-1 皮肤分析表（一）

编号：******** 皮肤管理师：赵 **

基本信息	姓名	梅 **	联系电话	131********
	出生日期	19** 年 ** 月 ** 日	职业	会计
	地址	北京市海淀区 *** 小区		
	客户来源	☑转介绍 □自媒体 □大众媒体 □其他 ______		
	工作环境	☑室内 ☑计算机 □室外 □粉尘 □燥热 □湿冷 □其他 ______		
	生活习惯（自述）	1. 洗澡周期与时间：2天1次，每次20min左右 2. 顾客自述：经常熬夜，喜欢吃甜食，经常做抗衰项目，还注射过祛皱的针剂。刚开始皱纹有减轻，但是没过多长时间皱纹又都回来了，甚至比以前还严重了		
皮肤辨识信息	皮肤基础类型	□中性皮肤 □干性皮肤 □油性皮肤 ☑油性缺水性皮肤		皮肤管理案例——老化皮肤
	角质层厚度	□正常 ☑较薄 □较厚	光泽度	□好 ☑一般 □差
	皮脂分泌量	☑适中 □少 □多	毛孔	□细小 □局部粗大 ☑粗大
	毛孔堵塞	☑无 □少 □多	毛细血管扩张	□无 ☑轻 □重
	肤色	□均匀 ☑不均匀	柔软度	□好 ☑一般 □差
	湿润度	□高 ☑一般 □低	光滑度	□好 ☑一般 □差
	弹性	□好 □一般 ☑差	肤温	□微凉 ☑略高
	自觉感受	□无（舒适） □厚重 ☑热 □痒 ☑紧绷 □胀 □刺痛		
	肌肤状态	□健康 □不安定 □干燥 □痤疮 □色斑 □敏感 ☑老化 □其他 ______		
	痤疮	☑无 □黑、白头粉刺 □炎性丘疹 □脓疱 □结节 □囊肿 □瘢痕		
	色斑	□无 □黄褐斑 □雀斑 ☑SK（老年斑） □PIH（炎症后黑变病） □其他 ______		
	敏感	□无 ☑热 □痒 ☑紧绷 □刺痛 □红斑 □丘疹 □鳞屑 □其他 ______		
	老化	□无 □干纹 ☑细纹 ☑表情纹 ☑松弛、下垂 □其他 ______		
	眼部肌肤	□无 ☑干纹 ☑细纹 ☑鱼尾纹 □黑眼圈 ☑眼袋 ☑松弛、下垂 □其他 ______		

皮肤管理师对梅女士的皮肤进行辨识与分析时，详细了解了她的美容史和她的日常护肤习惯。了解到梅女士以前皮肤爱出油，肤色有些晦暗。为了改善皮肤状态，她使用过各种国际大牌护肤品，还经常在家使用洁面仪，认为这样就能使皮肤更透亮一些，但她发现皮肤肤色不但没有改善，皮肤有时还出现了紧绷感，脸上的皱纹也越来越明显，于是她就到美容机构做各种抗衰项目，还注射过祛皱针剂，见表 7-2。

表 7-2　皮肤分析表（二）

编号：********　　顾客姓名：梅 **　　皮肤管理师：赵 **

<table>
<tr><td>美容史</td><td colspan="3">1. 过敏史　☐有 ________　☑ 无
2. 院护周期　☐定期 ________　☑ 不定期 ________　☐其他 ______
3. 顾客自述：皮肤干燥、肤色暗、偶尔有紧绷感，皱纹明显，感觉自己看起来比同龄人老，平时工作忙，经常熬夜，喜欢吃甜食，产品使用的都是国际大牌，但感觉用了也没什么效果。近些年，做过各种抗衰项目，当时效果还好，没过多长时间，皱纹又都回来了，特别是眼周的皱纹比以前还要严重</td></tr>
<tr><td colspan="4">皮肤管理前居家护肤方案</td></tr>
<tr><td colspan="4">原居家产品使用：（顺序、品牌、剂型、作用、用法、用量、用具）</td></tr>
<tr><td>晚</td><td>1.S 品牌洗面奶 + 洁面仪
2.L 品牌精华水
3.L 品牌眼霜
4.L 品牌精华面霜</td><td>早</td><td>1.S 品牌洗面奶
2.L 品牌精华水
3.L 品牌眼霜
4.L 品牌精华面霜
5.L 品牌防晒</td></tr>
<tr><td colspan="4">皮肤管理前洗澡后的皮肤状态：
皮肤干燥、紧绷、微红、微热</td></tr>
<tr><td colspan="4">皮肤管理前季节、环境、生活习惯变化后皮肤状态：
夏季肤色较暗沉，环境干燥时皱纹更明显</td></tr>
<tr><td colspan="4">原居家护理后的皮肤状态：
涂抹产品后，皮肤略显滋润，有油光，但肤色略暗</td></tr>
<tr><td colspan="4">原院护后的皮肤状态：
院护后偶尔皮肤会有红、热现象</td></tr>
<tr><td colspan="4">顾客签字：梅 **
皮肤管理师签字：赵 **
日期：20** 年 ** 月 ** 日</td></tr>
</table>

经过对梅女士皮肤的全面分析，皮肤管理师为梅女士制定了皮肤护理方案，见表 7-3。

表 7-3 皮肤护理方案表

编号：******** 皮肤管理师：赵 **

<table>
<tr><td colspan="2">姓名：梅 **</td><td colspan="2">电话：131********</td><td>建档时间：20** 年 ** 月 ** 日</td></tr>
<tr><td colspan="5">顾客美肤需求：延缓衰老，减轻皱纹</td></tr>
<tr><td colspan="5">皮肤管理后居家护理方案</td></tr>
<tr><td colspan="5">现居家产品使用：（顺序、品牌、剂型、作用、用法、用量、用具）</td></tr>
<tr><td>晚</td><td>1.REVACL 肌源清洁慕斯
2.REVACL 凝莳新颜液
3.REVACL 源之素紧致抗皱精华液
4.REVACL 莹润焕颜眼霜
5.REVACL 凝莳新颜霜
注：每天洗澡时使用 REVACL 肌源精华油滋润面部皮肤</td><td>早</td><td colspan="2">1.REVACL 肌源清洁慕斯
2.REVACL 凝莳新颜液
3.REVACL 莹润焕颜眼霜
4.REVACL 凝莳新颜霜
5.REVACL 护颜美肤霜</td></tr>
<tr><td colspan="5">行为干预内容：
1. 停止使用洁面仪
2. 减少紫外线照射的同时还需要做好物理避光，如打伞、戴帽子等
3. 保证睡眠充足不熬夜
4. 避免面部表情过多，如挤眉弄眼、皱眉、眯眼等
5. 补充胶原蛋白，少食甜食，多食抗氧化食物</td></tr>
<tr><td colspan="5">院护方案</td></tr>
<tr><td colspan="5">目标、产品、工具及仪器的选择（院护项目）</td></tr>
<tr><td colspan="5">1. 目标：改善皮肤老化现象
2. 产品、工具及仪器（院护项目）：老化皮肤院护项目
（1）产品：老化皮肤院护项目所需系列产品
① 氨基酸表面活性剂洁面产品
② 滋润度与保湿度兼具的膏霜产品
③ 源之素紧致抗皱精华液
④ 皮膜修护产品
⑤ 水凝胶面膜
（2）工具及仪器：纳米微晶仪</td></tr>
<tr><td colspan="5">操作流程及注意事项</td></tr>
<tr><td colspan="5">1. 操作流程
（1）软化角质；（2）清洁；（3）补水、导润；（4）纳米微晶仪导入源之素紧致抗皱精华液；（5）导润；（6）皮膜修护；（7）敷水凝胶面膜；（8）护肤与防护
2. 注意事项
（1）院护后需使用物理防护产品（如下午护理，可不涂防晒、不化妆，晚间回家可不洁面）
（2）院护后当天不洗澡
（3）院护后避免引起皮肤出现红、热的情况，如：运动、风吹、吃火锅及辛辣刺激性食物等
（4）院护后次日早晨，膏霜剂型产品用量加大
（5）顾客皮肤有红、热及紧绷感时，当次院护不使用仪器</td></tr>
<tr><td colspan="5">护理周期：10 天 / 次</td></tr>
<tr><td colspan="5">顾客签字：梅 **
皮肤管理师签字：赵 **
日期：20** 年 ** 月 ** 日</td></tr>
</table>

梅女士了解了自己皮肤老化的成因，与皮肤管理师达成共识，共同配合有效实施了皮肤管理方案，90天后，梅女士皮肤老化的状态得到了改善，由于梅女士有了更高的美肤需求，所以进行了下一步院护预约。见表7-4。

表7-4　护理记录表

编号：********　　　　皮肤管理师：赵 **

姓名：梅 **				电话：131********		
序号	日期	护理内容（居家护理/院护项目）	皮肤护理前状态	皮肤护理后状态	回访时间、院护预约时间/顾客、皮肤管理师签字	回访反馈/方案调整/行为干预
1	20**.1.10	□居家护理 ☑院护 老化皮肤一阶段护理	皮肤干燥、紧绷，面颊微红、微热，肤色暗，皱纹明显	皮肤干燥、紧绷的现象得到了改善，皮肤滋润、舒适	回访时间： 20**.1.11、20**.1.13 院护预约时间：20**.1.20 顾客签字：梅 ** 皮肤管理师签字：赵 **	回访反馈：20**.1.11回访，院护后皮肤干燥、紧绷的现象得到了改善，皮肤滋润、舒适 方案调整：待皮肤无自觉症状、皮肤滋润舒适后，可添加使用REVACL源之素紧致抗皱精华液 行为干预： 1. 停止使用洁面仪 2. 减少紫外线照射的同时还需要做好物理避光，如打伞、戴帽子等
2	20**.1.13	☑居家护理 □院护	皮肤无自觉症状，舒适，肤色暗，皱纹明显	皮肤滋润，柔软，眼周干纹淡化	回访时间：/ 院护预约时间：20**.1.20 顾客签字：/ 皮肤管理师签字：赵 **	回访反馈：/ 方案调整：晚间护肤添加REVACL源之素紧致抗皱精华液；下次院护可调整为老化皮肤二阶段护理 行为干预：保证睡眠充足不熬夜

续表

姓名：梅 **				电话：131********		
序号	日期	护理内容（居家护理 / 院护项目）	皮肤护理前状态	皮肤护理后状态	回访时间、院护预约时间 / 顾客、皮肤管理师签字	回访反馈 / 方案调整 / 行为干预
3	20**.1.20	□居家护理 ☑ 院护 老化皮肤二阶段护理	皮肤滋润、舒适，肤色暗，皱纹明显	皮肤滋润，通透，干纹、细纹淡化	回访时间：20**.1.21 院护预约时间：20**.1.31 顾客签字：梅 ** 皮肤管理师签字：赵 **	回访反馈：20**.1.21 回访，院护后皮肤滋润，透亮，干纹、细纹淡化 方案调整：/ 行为干预：居家护肤时，涂抹手法轻柔慢缓，避免过度摩擦和牵拉皮肤
4	20**.1.31	□居家护理 ☑ 院护 老化皮肤二阶段护理	皮肤滋润，柔软，皱纹明显	皮肤通透，白皙，柔软有弹性，细纹淡化明显	回访时间：20**.2.1 院护预约时间：20**.2.11 顾客签字：梅 ** 皮肤管理师签字：赵 **	回访反馈：20**.2.1 回访，院护后皮肤滋润、白皙，细纹淡化明显 方案调整：皮肤细纹改善明显，下次可以加强眼周护理 行为干预：/
……	……	……	……	……	……	……
10	20**.4.5	□居家护理 ☑ 院护 老化皮肤二阶段护理	眼周皱纹明显改善，皮肤柔软有弹性	皮肤白皙、细腻，紧致有弹性，皱纹淡化明显	回访时间：20**.4.6 院护预约时间：20**.4.15 顾客签字：梅 ** 皮肤管理师签字：赵 **	回访反馈：20**.4.6 回访，院护后皮肤白皙、细腻，紧致有弹性，皱纹淡化明显 方案调整：添加物理防护产品 REVACL 肌源护肤粉 行为干预：/
……	……	……	……	……	……	……

【想一想】 如何为老化皮肤顾客制定皮肤管理方案？

【敲重点】 1.老化皮肤顾客的皮肤分析表内容。
2.老化皮肤顾客的皮肤管理方案表内容。
3.老化皮肤顾客的护理记录表内容。

【本章小结】

老化皮肤是美容常见的问题性皮肤之一，本章分析并介绍了老化皮肤的成因及表现；给出了老化皮肤居家和院护的管理方案，结合真实的皮肤管理案例，使学习者具备制定老化皮肤管理方案的能力，为改善顾客皮肤老化的状态奠定了基础。

【职业技能训练题目】

一、填空题

1.皮肤老化主要分为（ ）、（ ）两种形式。

2.皮肤老化现象主要表现在两个方面，即（ ）、（ ）。

3.老化皮肤居家管理中，须提醒顾客避免在使用（ ）之后再使用（ ）或喷雾类产品，以免破坏膏霜剂型产品的锁水效果。

二、单选题

1.老化皮肤洗澡时需注意（ ）。

A.洗澡水温不宜过高　　B.洗澡后立即敷面膜，提升护肤效果

C.可用喷头热水直接冲洗面部　　D.洗完后可直接做运动

2.老化皮肤建议洗澡时间在（ ）左右。

A.20min　　B.30min

C.45min　　D.60min

3. 老化皮肤的洗脸方法，错误是（ ）。

A. 清洁时间不宜过长
B. 清洁力度要大
C. 清洁水温不宜过高
D. 不要过度摩擦或牵拉皮肤

4. 以下关于防护、防晒描述正确的是（ ）。

A. 在阴天不需要做防护、防晒
B. 在冬天不需要做防护、防晒
C. 在阳光较强时只涂抹防晒霜即可
D. 在户外，减少紫外线照射的同时还需要做好物理避光，如打伞、戴帽子等

5. 外源性老化主要是由什么因素引起的（ ）。

A. 年龄的增长
B. 内分泌紊乱
C. 空气污染
D. 紫外线

三、多选题

1. 以下保养方式可导致皮肤老化的有（ ）。

A. 使用过热的水洗脸
B. 过度按摩
C. 错误使用功效型化妆品
D. 过度去角质
E. 补充胶原蛋白

2. 以下因素可导致皮肤老化的有（ ）。

A. 年龄因素
B. 健康因素
C. 紫外线
D. 规律护肤
E. 做好防护、防晒

3. 皮肤组织衰退的表现包括（ ）。

A. 表皮变薄
B. 肤色变深
C. 失去光泽
D. 失去弹性
E. 失去血色

4. 老化皮肤的行为干预包括（ ）。

A. 减少紫外线的照射
B. 避免过度风吹
C. 避免冷、热刺激
D. 注意饮食管理
E. 规律护肤

5. 以下不良习惯可导致皮肤老化的有（　）。

A. 暴饮暴食　　B. 反复牵拉皮肤

C. 节食　　D. 焦虑、易怒

E. 不重视防护、防晒

四、简答题

1. 简述纳米微晶仪使用注意事项。

2. 简述老化皮肤院护基本操作流程。

附录
职业技能训练题目答案

第一章　皮肤表面脂质

一、填空题

1.皮脂腺、汗腺

2.痤疮、特应性皮炎

3.屏障作用、中和酸碱损害作用

二、单选题

1.B　2.A　3.B　4.C　5.D

三、多选题

1.BD　2.ABCDE　3.ABCDE　4.BCD　5.ABCDE

四、简答题

1.答：皮肤表面脂质也称为皮表脂质，主要成分包括甘油三酯、蜡酯、角鲨烯、游离脂肪酸、胆固醇和胆固醇酯等，其主要来源于皮脂腺分泌。

2.答：皮肤表面脂质主要来源于皮脂腺分泌，所以皮脂分泌量是影响皮肤表面脂质的重要因素。影响皮脂分泌量的因素有很多，涉及部位、年龄、性别、人种、温度和湿度、饮食、内分泌和药物等几个方面。

第二章　皮肤的颜色和色素

一、填空题

1.酪氨酸酶

2. 黑素
3. 颈部、上肢、下肢

二、单选题

1.A　2.C　3.B　4.D　5.D

三、多选题

1.ABC　2.ABCD　3.ABCDE　4.ABDE　5.BD

四、简答题

1. 答：肤色是指人类皮肤表皮层因黑素、褐黑素、胡萝卜素、血氧等的含量差异所反映出来的皮肤颜色。

2. 答：黑素细胞是一种特殊的细胞，它能产生黑素，通过黑素细胞的树枝状突起传递给周围的角质形成细胞，保护其细胞核，防止染色体受到光线辐射而受损。

第三章　基础化妆品核心成分及配方解读

一、填空题

1. 亲水基、亲油基
2. 多元醇类、多糖类
3. 反射、散射

二、单选题

1.D　2.A　3.C　4.B　5.A

三、多选题

1.BC　2.ACDE　3.ABC　4.AE　5.BC

四、简答题

1. 答：无机防晒剂安全性高、稳定性好，不易发生光毒反应或光变态反应，不会渗入角质层。有机防晒剂会衰变，防晒效果一般持续4h左右，所以添加有机防晒剂的防晒霜，每隔一定时间就需要补涂。此外，部分有机防晒剂光安全性不如无机防晒剂。有机防晒剂的防晒能力大多强于无机防晒剂，肤感较好。

2. 答：氨基酸表面活性剂大多属于两性表面活性剂，但也有部分属于阴离子表面活性剂和阳离子表面活性剂，其特点是清洁能力温和、泡沫细腻丰富、可生物降解不刺激、安全性高、在硬水中不生成沉淀。

第四章　美容常见问题性皮肤——痤疮皮肤

一、填空题

1. 皮脂腺过量分泌皮脂、毛囊皮脂腺导管角化异常
2. 3、4、Ⅲ
3. 萎缩性瘢痕、增生性瘢痕

二、单选题

1.C　2.A　3.D　4.D　5.B

三、多选题

1.AB　2.ABCD　3.ABCDE　4.AB　5.ABC

四、简答题

1. 答：① 拔脂栓；② 清洁；③ 补水、导润；④ 痤疮清理、消炎；⑤ 皮膜修护；⑥ 敷面膜；⑦ 护肤与防护。

2. 答：① 痤疮的形成除受生理因素影响外，还与环境、饮食、生活习惯、化妆品的使用以及护理项目等多种因素有关，所以进行居家管理前一定要与顾客在美容观上达成一致，做好行为干预。② 须加强顾客防护、防晒意识。③ 须提醒顾客避免在温度过高的环境长时间停留。④ 须提醒顾客居家环境应保持适宜的湿度。⑤ 痤疮皮肤的调理受个人行为习惯的影响较大，皮肤出现波动时，应先找到诱发因素再确定是否调整方案。⑥ 须与顾客及时总结皮肤改善的要素及方法，以防止皮肤痤疮问题反复发生。

第五章　美容常见问题性皮肤——色斑皮肤

一、填空题

1. 黑素合成
2. 干燥、加重
3. 酪氨酸酶活性

二、单选题

1.A　2.D　3.A　4.C　5.B

三、多选题

1.ABCD　2.ABCE　3.BCDE　4.CDE　5.ABCDE

四、简答题

1.答：① 发病人群：女性多发，主要发生在青春期后。② 发病部位：多对称分布于面部，尤以颧颊多见，亦可累及眶周、前额、上唇和鼻部等部位；一般不累及眼睑和口腔黏膜。③ 皮损性状：皮损呈淡褐色、黄褐色或深褐色斑片，大小不定，边缘不清，表面光滑，无炎症、无鳞屑，一般不伴有其他皮疹；色斑深浅随季节变化，夏重冬轻，日晒后加重。④ 身体症状：无自觉症状及全身不适。⑤ 病程：病程一般发展缓慢，易复发。

2.答：① 做好防护、防晒。减少紫外线照射的同时还需要做好物理防护，如打伞、戴帽子、穿防晒服等。② 避免刺激。避免过度风吹，避免在燥热的环境长时间停留，例如，洗澡时间过长或蒸桑拿、汗蒸等。③ 注意饮食管理。食用感光类食物后避免日晒，如香菜、芹菜、菠菜、柠檬等，多吃抗氧化食物，如紫甘蓝、沙棘、蓝莓、葡萄等。④ 规律护肤。规律护肤是皮肤保持健康、稳定状态的基础，建立规律护肤的习惯也是皮肤状态改善的关键。⑤ 规律作息。保证睡眠充足不熬夜，好的睡眠有助于皮肤的新陈代谢。⑥ 保持愉悦的心情。对于心理负担较重的顾客要耐心疏导和积极鼓励，引导顾客保持乐观的情绪，积极配合调理，才能获得最佳的效果。

第六章　美容常见问题性皮肤——敏感皮肤

一、填空题

1.安全无刺激
2.锁水、屏障
3.红、热

二、单选题

1.A　2.B　3.D　4.B　5.D

三、多选题

1.ABCDE　2.ABC　3.ABCDE　4.ABC　5.ABCDE

四、简答题

1.答：① 清洁；② 冷喷；③ 补水、导润；④ 皮膜修护；⑤ 敷面膜；⑥ 冷导；⑦ 护肤与防护。

2. 答：应尽量选择温和的护肤产品，选择氨基酸表面活性剂洁面产品，避免使用清洁力强的洁面产品，不能使用渗透性强的精油类产品，禁用去角质产品，如：颗粒状的磨砂产品、洁面仪、洗脸刷等。

第七章　美容常见问题性皮肤——老化皮肤

一、填空题

1. 外源性老化、内源性老化
2. 皮肤组织衰退、皮肤生理功能低下
3. 膏霜产品、水剂型

二、单选题

1.A　2.A　3.B　4.D　5.D

三、多选题

1.ABCD　2.ABC　3.ABCDE　4.ABCDE　5.ABCDE

四、简答题

1. 答：① 纳米微晶仪操作前，请仔细阅读说明书。

② 纳米微晶仪操作前，作用部位和手都要彻底清洁干净。

③ 细菌和病毒感染者禁用纳米微晶仪，例如：严重痤疮、扁平疣等。

④ 正在外用激素产品者禁用纳米微晶仪。

⑤ 皮肤破损部位及过敏皮肤禁用纳米微晶仪。

⑥ 纳米微晶仪护理后，6h内面部不得沾水。

⑦ 纳米微晶仪护理后，需尽量避免日晒，注意做好防护、防晒。

⑧ 纳米微晶仪护理后，需避免使用具有刺激性的产品。注意加强皮肤的保湿。

⑨ 纳米微晶套件属于一次性产品，不可以重复使用，避免二次感染，使用完需丢弃。

⑩ 纳米微晶仪使用后需对仪器装套件的部位及外部进行消毒。

2. 答：① 软化角质；② 清洁；③ 补水、导润；④ 纳米微晶仪护理；⑤ 导润；⑥ 皮膜修护；⑦ 敷水凝胶面膜；⑧ 护肤与防护。

参考文献

[1] 张学军，郑捷. 皮肤性病学[M]. 9版. 北京：人民卫生出版社，2018.

[2] 朱学骏，涂平，陈喜雪，等. 皮肤病的组织病理学诊断[M]. 3版. 北京：北京大学医学出版社，2016.

[3] Zoe Diana Draelos. 药妆品[M]. 许德田，译. 北京：人民卫生出版社，2018.

[4] 董银卯，孟宏，马来记，等. 皮肤表观生理学[M]. 北京：化学工业出版社，2018.

[5] 裘炳毅，高志红. 现代化妆品科学与技术[M]. 北京：中国轻工业出版社，2015.

[6] 何黎，刘玮.美容皮肤科学[M].2版.北京：人民卫生出版社，2011.

[7] 何黎，郑志忠，周展超.实用美容皮肤科学[M].北京：人民卫生出版社，2018.

[8] 李丽，董银卯，郑立波.化妆品配方设计与制备工艺[M].北京：化学工业出版社，2018.